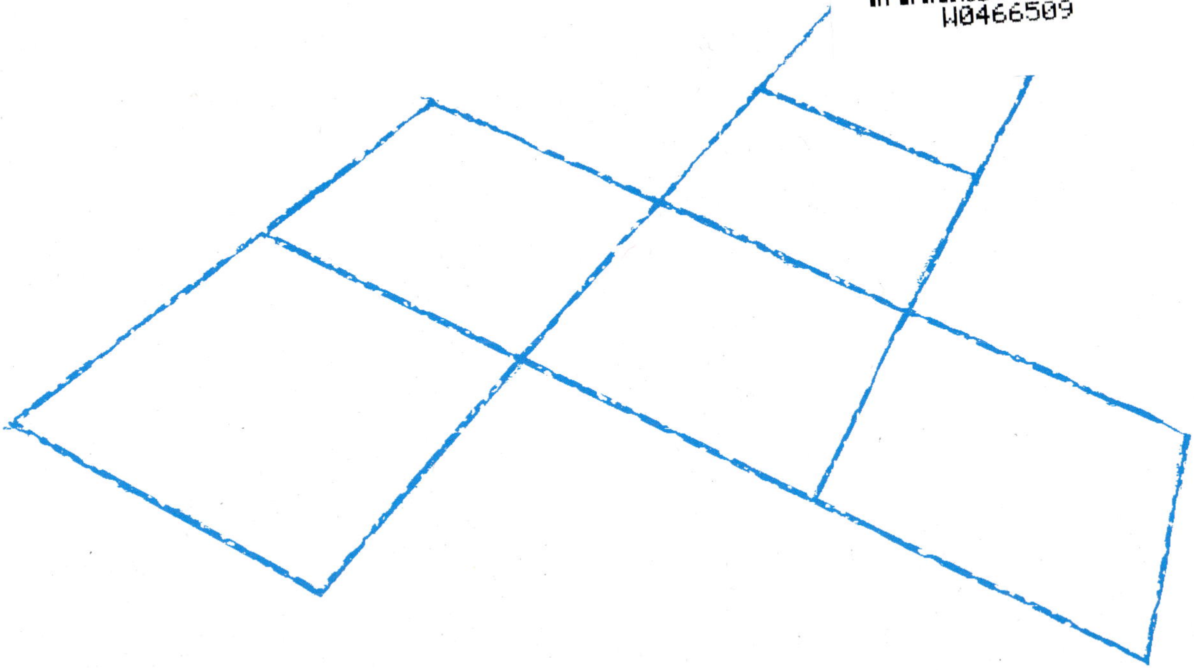

Das Mathematikbuch 5
Arbeitsheft

von
Walter Affolter
Heinz Amstad
Monika Doebeli
Gregor Wieland

bearbeitet von
Ingrun Behnke, Witten
Lothar Carl, Detmold
Katrin Eilers, Hannover
Barbara Krauth, Darmstadt
Eckhard Lohmann, Hamburg
Hartmut Müller-Sommer, Vechta
Matthias Römer, Saarbrücken

Ernst Klett Verlag
Stuttgart · Leipzig

Das Mathematikbuch 5, Arbeitsheft

Bildquellenverzeichnis:
U.1: shutterstock (Mireille Miller), New York, NY – 8.1: iStockphoto (Oleg Prikhodko), Calgary, Alberta – 79.1: MEV, Augsburg – 82.3, 82,3, 56, 4: Klett-Archiv (Pascale Eggermann, Luzern), Stuttgart

1. Auflage 1 5 4 3 2 1 | 12 11 10 09 08

Alle Drucke dieser Auflage sind unverändert und können im Unterricht nebeneinander verwendet werden. Die letzten Zahlen bezeichnen jeweils die Auflage und das Jahr des Druckes.

Autoren: Walter Affolter, Heinz Amstad, Ingrun Behnke, Lothar Carl, Monika Doebeli, Katrin Eilers, Barbara Krauth, Eckhard Lohmann, Hartmut Müller-Sommer, Matthias Römer, Gregor Wieland
Redaktion: Annegret Weimer, Elke Linzmaier
Mediengestaltung: Jörg Adrion, Nadine Yeşil

Layout: Anika Marquardsen, Stuttgart
Zeichnungen/Illustrationen: Uwe Alfer, Waldbreitbach; Jörg Mair, München; Lorenz Meier, Zürich
Umschlagfoto: shutterstock (Mireille Miller), New York, NY
Umschlaggestaltung: Daniela Vormwald

Reproduktion: Meyle + Müller Medien-Management, Pforzheim
DTP/Satz: Satzkiste GbR, Stuttgart
Druck: Druckhaus Götz GmbH, Ludwigsburg
Printed in Germany

ISBN 978-3-12-700152-5

9 783127 001525

Liebe Schülerin, lieber Schüler,

in diesem Arbeitsheft findest du die passenden Aufgaben zu deinem Mathematikbuch.

2

Immer wenn ihr im Unterricht ein Thema behandelt und einige Aufgaben schon gemeinsam oder alleine gelöst habt, findet ihr unter der gleichen Überschrift hier weitere Aufgaben zu diesem Thema.

Meistens wirst du die Aufgaben alleine lösen können und die Lösungen direkt ins Arbeitsheft schreiben. Sollte einmal nicht genug Platz sein für alle Nebenrechnungen, dann klebst du noch ein Blatt ein.

Seite 9 – 19

Skateboard fahren ist am Anfang mühsam, mit der Zeit wird es leichter und schließlich geht es fast automatisch und du kannst dich an erste Kunststücke heranwagen. So ist es auch mit dem Kopfrechnen. Addieren, Subtrahieren, Multiplizieren und Dividieren musst du immer wieder üben, um dich bei anspruchsvolleren Aufgaben nicht mehr damit aufhalten zu müssen. Die Übungsseiten zum **Rechentraining** brauchst du nicht auf einmal zu bearbeiten. Du kannst sie dir übers Jahr verteilt immer wieder vornehmen und selbstständig üben. Wenn dir ein Aufgabentyp besonders schwer fällt, schreibe dir eine Karteikarte dazu (mit Aufgabe und Lösung) und übe diese Aufgabe regelmäßig; alleine (Lösung abdecken) oder mit jemandem zusammen (abfragen lassen – wie beim Vokabellernen).
Es macht auch Spaß, selbst ähnliche Aufgaben zu erfinden und sie anderen zu stellen. Vielleicht habt ihr sogar schon eine gemeinsame Aufgabenkartei im Klassenzimmer.

T1

Wenn du sicher bist, dass du die Aufgaben der vorigen Seiten gut verstanden hast, kannst du die Testaufgaben lösen. Im ganzen Arbeitsheft findest du fünf solcher Doppelseiten, die du an der farbigen Unterlegung und am Titel „**Teste dich selbst**" erkennst. Versuche auch immer, dich selbst einzuschätzen. Die Lösungen zum Vergleichen stehen auf den letzten Seiten des Heftes.

Seite 22 | 23
42 | 43
56 | 57
70 | 71
86 | 87

Jetzt wünschen wir dir viel Freude und Erfolg beim Lernen mit dem Arbeitsheft!

1 Ornamente

1 Setze die folgenden Muster fort.

a.

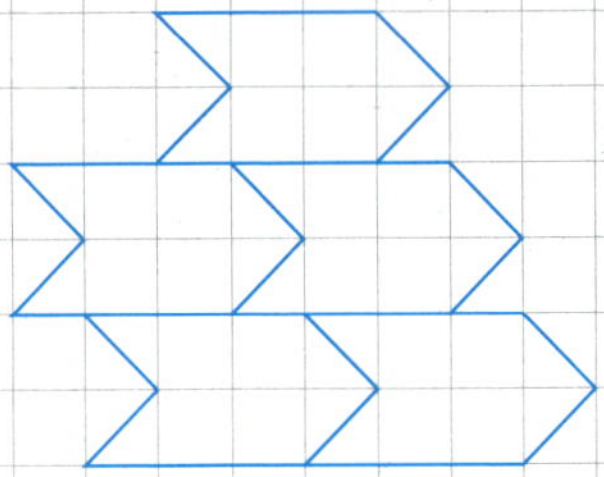

b.

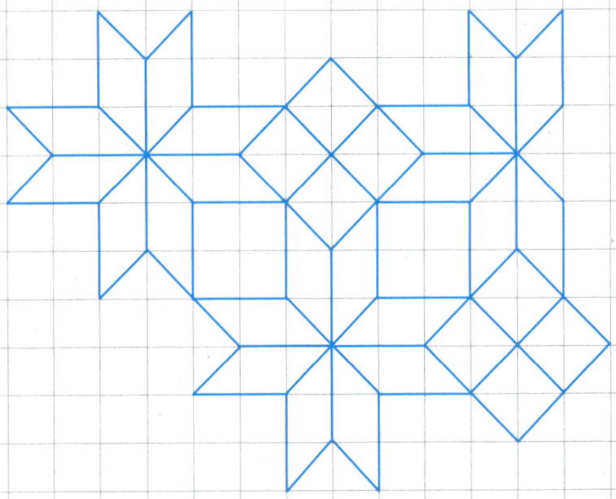

c.

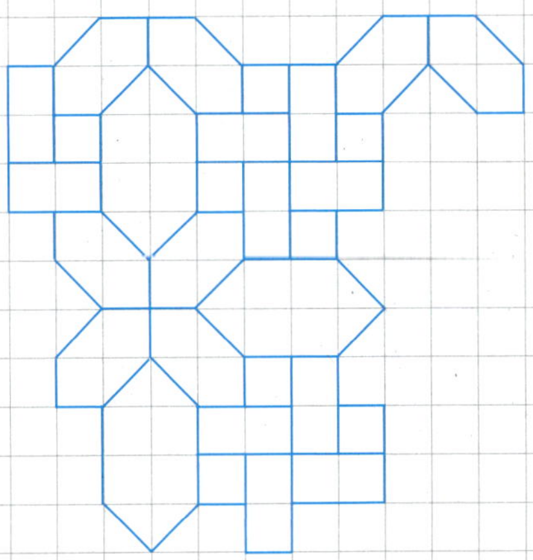

d.

2 Setze die folgenden Muster fort.

a.

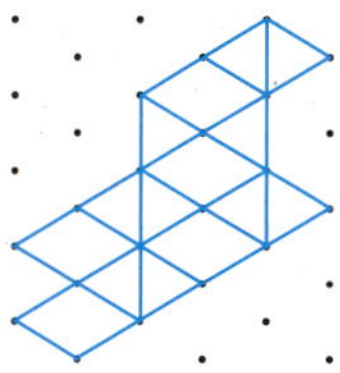

b.

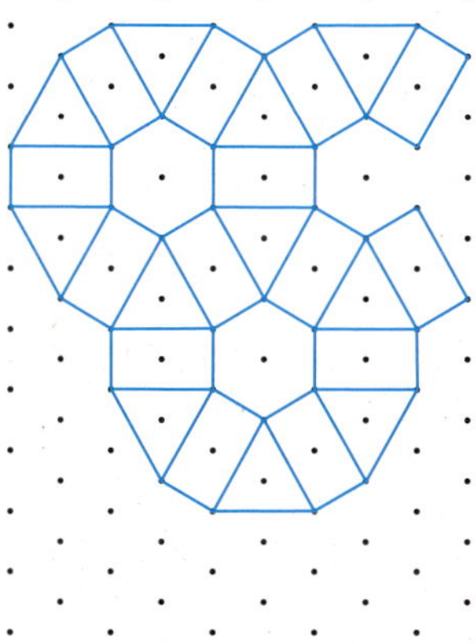

2 Größen bei Flugzeugen

Flugzeugtyp	Airbus A 319	Airbus A 320	Airbus A 380	Airbus A 321	Airbus A 340-600
Spannweite	34 m 10 cm	34 m 10 cm	79 m 80 cm	34 m 10 cm	63 m 45 cm
Länge	33,80 m	37,57 m	73 m	44,51 m	75,3 m
Höhe	1200 cm	1200 cm	2410 cm	1200 cm	1730 cm
maximales Startgewicht	68 000 kg	73 500 kg	560 000 kg	89 000 kg	368 000 kg
maximales Landegewicht	61,000 t	64,500 t	386,000 t	75,500 t	259,000 t
Nutzlast	12 t 500 kg	16 t 100 kg	66 t 400 kg	19 t 800 kg	47 t 700 kg
Reisegeschwindigkeit (km/h)	840	840	1100	840	905
Treibstofftanks	23 900 l	23 900 l	310 000 l	23 700 l	195 900 l
Reichweite	3400 km	3200 km	15 200 km	4200 km	14 260 km
Passagiere	126	150	525	182	306

1 Berechne die Unterschiede der Nutzlasten der einzelnen Flugzeuge. Schreibe deine Ergebnisse in diese Tabelle.

	Airbus A 319	**Airbus A 320**	**Airbus A 380**	**Airbus A 321**	**Airbus A 340-600**
Airbus A 319					
Airbus A 320					
Airbus A 380					
Airbus A 321					
Airbus A 340-600					

Wenn du weitere Übungen brauchst, kannst du selbst Tabellen aufstellen.

Zum Beispiel: Unterschiede der Landegewichte.

Unterschiede der Treibstofftanks.

...

2 Für 100 km braucht der Airbus A 340-600 etwa 1100 l Treibstoff.

a. Wie viel Liter braucht er für einzelne Flugstrecken ungefähr? Siehe Tabelle, Seite 7 oben.

b. Wie weit kann er mit vollen Treibstofftanks ungefähr fliegen? Vergleiche mit der Reichweite in der Tabelle oben.

3 Ein Kurzstreckenflugzeug der Lufthansa fliegt in einem Jahr 1080-mal von Frankfurt a. M. nach Rom und wieder zurück. Welche Strecke legt es auf diesen Flügen zurück? Wie lange ist es unterwegs?

Ziel	Strecke	Reisedauer
Amsterdam	500 km	1 h 10 min
Athen	2600 km	2 h 40 min
Berlin	600 km	1 h 05 min
Brüssel	500 km	0 h 55 min
Budapest	1000 km	1 h 30 min
Kopenhagen	800 km	1 h 20 min
Lissabon	2300 km	2 h 55 min
London	700 km	1 h 35 min
Madrid	1800 km	2 h 30 min
Oslo	1400 km	1 h 50 min
Paris	600 km	1 h 10 min
Prag	500 km	1 h 00 min
Rom	1300 km	1 h 45 min
Stockholm	1400 km	2 h 00 min
Wien	700 km	1 h 20 min

4 Ein Kurzstreckenflugzeug der Lufthansa fliegt in einem Monat 90-mal von Frankfurt a. M. nach Lissabon und wieder zurück. Welche Strecke legt es auf diesen Flügen zurück? Wie lange ist es unterwegs?

5 Falte dieses Papierflugzeug.

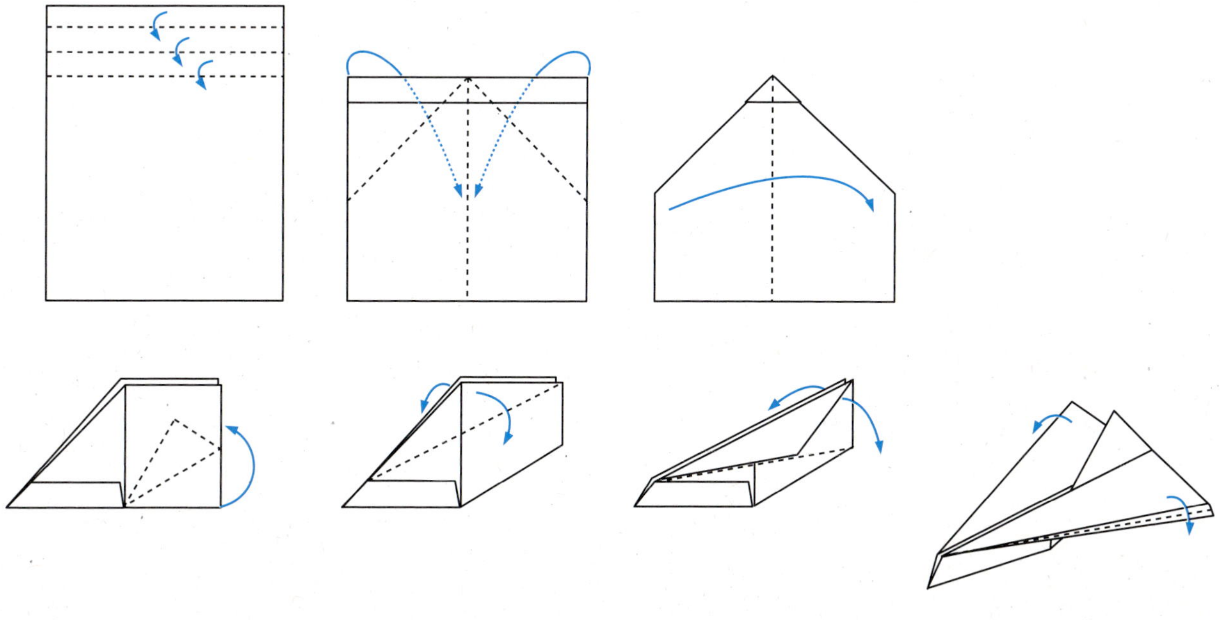

3 Größen bei Bienen

1 Hier siehst du eine Bienenwabe. Sie ist in der Natur genauso groß wie auf diesem Bild. Die Seitenlänge einer Zelle beträgt ungefähr ______________ mm.

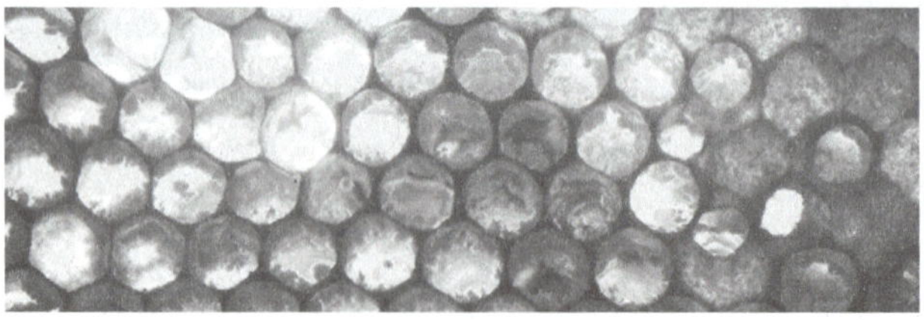

2 Wenn 100 Bienen je einmal ausfliegen, sammeln sie etwa 5 g Nektar. Davon verbrauchen sie ungefähr 2 g. Aus dem Rest entsteht Honig.
An einem sehr guten Tag unternimmt die Sammelbiene 20 Ausflüge. Jeder Ausflug dauert etwa 30 Minuten. Kein Wunder, dass wir vom sprichwörtlichen Bienenfleiß reden! Sammelbienen entfernen sich selten weiter als etwa 1500 m vom Bienenstock. Sie können in einer Sekunde 6 m weit fliegen.

a. Markiere die Informationen, die du für verschiedene Aufgaben brauchst, in verschiedenen Farben. Einige Informationen brauchst du für mehrere Aufgaben. Rahme diese Informationen ein.

b. Wie lange braucht eine Biene um 300 m; 600 m; 900 m; … ; 1500 m zurückzulegen?

c. Wie weit fliegt eine Biene in 1 s; 2 s; 5 s; 10 s; 50 s; 100 s; 200 s; 500 s?

d. Ergänze die Tabelle für eine Woche, einen Monat oder eine Saison.
Anzahl Sammeltage:

Anzahl Bienen	10	1000	10 000
Anzahl Ausflüge			
gesammelter Nektar			
verbrauchter Nektar			
Nektar für Honig			
Honig			

3 Eine Biene muss ungefähr 125 Rotkleeköpfe besuchen, bis sie 1 g Nektar gesammelt hat. Wie viele Rotkleeköpfe müsste eine Biene für 2 g; 3 g; 4 g oder 5 g Nektar besuchen?

Rechentraining

1

a. Welche Zahl ist dargestellt? Schreibe sie in Ziffern.

M	HT	ZT	T	H	Z	E
●●●	●●●●	●●●●●	●●●●● ●	●●●●● ●●	●●●●● ●●●	●●●●● ●●●●

b. Welche Zahlen kannst du erhalten, wenn du ein Plättchen um zwei Stellen nach rechts oder links verschiebst? Schreibe die erhaltenen Zahlen und die Veränderung gegenüber der in a. dargestellten Zahl in die Tabelle.

ein Plättchen der dargestellten Zahl verschieben	Die Zahl wird
2 466 789	um 990 000 kleiner.

2

a. Bilde aus den Ziffernkärtchen Zahlen, die möglichst nahe an 460 000 liegen. Welches ist die nächstliegende Zahl?

0 1 2 3 4 5 6 7 8 9

b. Bilde aus den Ziffernkärtchen jeweils zwei fünfstellige Zahlen, die sich um mehr als 70 000 unterscheiden.

größere Zahl	kleinere Zahl	Unterschied

c. Bilde aus den Ziffernkärtchen jeweils zwei fünfstellige Zahlen, die sich um weniger als 500 unterscheiden.

größere Zahl	kleinere Zahl	Unterschied

d. Bilde aus den Ziffernkärtchen zwei fünfstellige Zahlen, deren Summe möglichst nahe an 100 000 liegt.

3

a. Notiere die am Zahlenstrahl markierten Zahlen.
Markiere dann am Zahlenstrahl, wo ungefähr die folgenden Zahlen liegen: 230 000; 375 000; 672 500; 775 009; 900 015.
Gehe am Ende von 960 000 in 50 000er-Schritten rückwärts. Markiere die Zahlen und notiere sie.

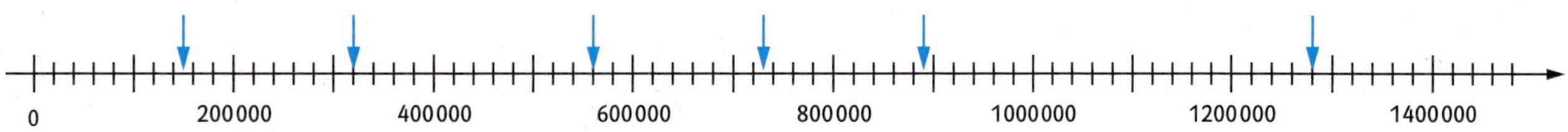

b. Trage die fehlenden Zahlen am Zahlenstrahlausschnitt ein.
Gehe dann am Zahlenstrahlausschnitt von 14 000 in 2000er-Schritten vorwärts, von 12 000 in 4000er-Schritten vorwärts.

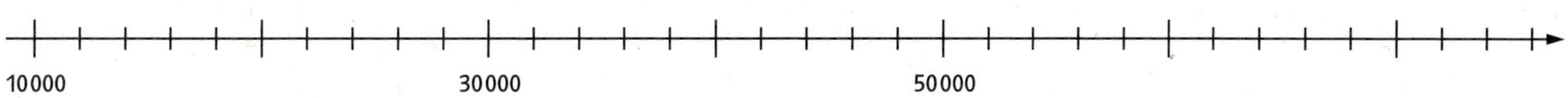

c. Gehe in 5 Schritten zur 100 000 und trage die zugehörigen Zahlen ein.
Markiere dann so genau wie möglich die Zahlen 25 000; 30 000; 43 000; 62 500; 78 900.

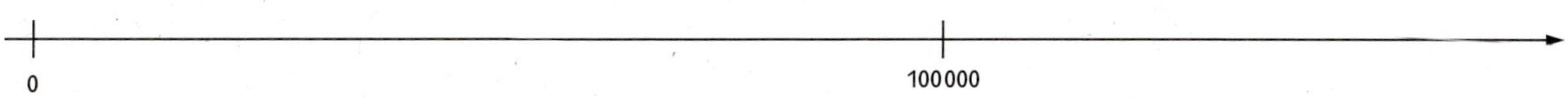

Rechentraining

4 Zählen in Schritten

a.

500; 400; …	500 000; 450 000; …	250 000; 500 000; …	100 000; 99 980; …
500; 450; …	250; 500; …	1000; 980; …	5000; 4995; …
500 000; 400 000; …	2500; 5000; …	10 000; 9980; …	50 000; 49 500; …

b. Zähle in 5 Schritten von 1000 bis 2000.

Zähle in 4 Schritten von 6000 bis 7000.

Zähle in 8 Schritten von 20 000 bis 40 000.

Zähle in 10 Schritten von 400 000 bis 600 000.

5 Ergänzen auf …

…100.	…10 000.	…100 000.	…1 000 000.
50 +	6000 +	56 000 +	560 000 +
75 +	7500 +	37 500 +	375 000 +
45 +	4500 +	84 500 +	845 000 +
92 +	9200 +	49 200 +	492 000 +
29 +	2900 +	62 900 +	629 000 +

6 Verdoppeln und Vervierfachen

Zahl	100	110	120	10 000	11 000	12 000	330	330 000
das Doppelte								
das Vierfache								

7 Halbieren und Vierteln

Zahl	500	700	900	500 000	700 000	900 000	550	570
die Hälfte								
das Viertel								

8 Plus- und Minusaufgaben

Start	+ 30 000 →	− 3000 →	+ 80 000 →	− 7000 → Ziel
33 000				
288 000				
797 000				

9 Subtraktion von Stufenzahlen

1000 − 1 =	1000 − 10 =	1000 − 100 =	1000 − 1000 =
10 000 − 1 =	10 000 − 10 =	10 000 − 100 =	10 000 − 1000 =
100 000 − 1 =	100 000 − 10 =	100 000 − 100 =	100 000 − 1000 =

10 Subtraktion von Stufenzahlen?

1600 − 9 =
2400 − 99 =
3705 − 999 =
480 003 − 9999 =

16 000 − 9 =
24 000 − 99 =
37 005 − 999 =
480 030 − 9999 =

160 000 − 9 =
240 000 − 99 =
370 005 − 999 =
480 300 − 9999 =

11 Wie viele Stellen hat das Ergebnis?

4 · 5 =
3 · 6 =
7 · 3 =
9 · 8 =
6 · 4 =

4 · 50 =
3 · 6000 =
7 · 300 =
9 · 80 =
6 · 4000 =

4 · 500 =
3 · 60 =
7 · 30 =
9 · 8000 =
6 · 40 =

4 · 5000 =
3 · 600 =
7 · 30 000 =
9 · 800 =
6 · 400 =

36 : 4 =
40 : 5 =
48 : 6 =
42 : 7 =
56 : 8 =

360 : 4 =
400 : 5 =
4 800 : 6 =
420 : 7 =
560 : 80 =

360 : 40 =
400 : 50 =
480 : 60 =
4200 : 7 =
560 : 8 =

3600 : 4 =
4000 : 5 =
480 : 6 =
420 : 70 =
5600 : 8 =

12 Ordne der Reihe nach. Beginne mit der kleinsten Zahl.

a. 510 642 150 264 501 624 15 462 105 246 51 462

b. 531 046 351 406 315 406 513 046 153 640 135 640

13 Schreibe zu jeder Zahl die nächstliegende Zehner-, Hunderter-, Tausender-, Zehntausender- und Hunderttausenderzahl.

	135 246	345 005	345 050	345 999	654 099	654 654	789 789
Z	135 250						
H	135 200						
T	135 000						
ZT	140 000						
HT	100 000						

Rechentraining

14

Tim

68000 − 9000 = 59000
70000 − 9000 = 61000
61000 − 2000 = 59000

Larissa

68000 − 9000 = 59000
68000 − 10000 = 58000
58000 + 1000 = 59000

Paul

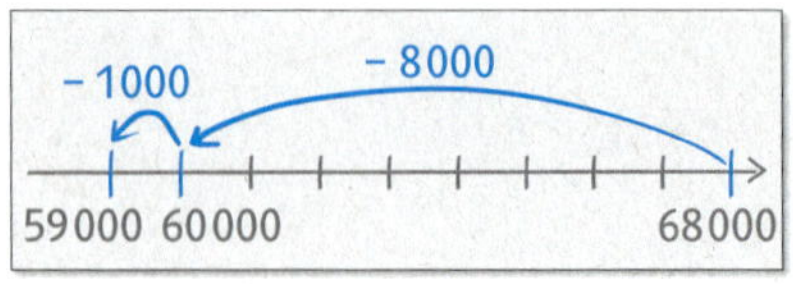

a. Tim, Larissa und Paul berechnen die Aufgabe 68 000 − 9 000 im Kopf. Erkläre die Rechenwege der drei Kinder.

b. Wie würdest du im Kopf rechnen? Wenn du einen anderen Rechenweg wählst, schreibe ihn auf.

15 Hüpf in der Reihe. Welche der folgenden Aufgaben schaffst du im Kopf?

a. 3800 − 900 =

1500 + 5800 =

3900 + 1100 =

5000 − 1700 =

7300 − 3400 =

2900 − 1400 =

Ziel 3300

b. 48 700 − 13 000 =

49 700 + 15 000 =

64 700 − 28 000 =

36 700 − 19 000 =

56 700 − 7000 =

35 700 + 21 000 =

Ziel 17 700

c. Erfinde selbst Hüpf-in-der-Reihe-Aufgaben und gib sie deiner Nachbarin oder deinem Nachbarn zum Lösen.

16 Immer zwei Ergebnisse sind gleich. Eine Aufgabe bleibt alleine. Wie gehst du vor?

a. 20 · 300 =

2000 · 30 =

200 · 30 000 =

200 · 30 =

200 · 300 =

b. 4000 · 60

800 · 3000

8000 · 30

400 · 6000

40 · 600 000

c. 560 000 : 8000

56 000 : 8000

5600 : 800

56 000 : 80

56 000 : 800

17

a.

Zahl	88 880		444 444		80 808		480 480
das Doppelte		8880					
das Vierfache				161 616		339 392	

b.

Zahl	33 300		30 330		30 030		
der zehnte Teil	3330	1665				150 015	
der fünfte Teil	6660			303 300			66 000

c. Erfinde selbst solche Tabellen, löse sie selbst und gib sie deiner Partnerin oder deinem Partner zum Lösen.

18 Hüpf in der Reihe.

a.
25 000 : 5 = ______
500 · 5 = ______
2500 · 20 = ______
5000 · 50 = ______
50 000 : 500 = ______
250 000 : 500 = ______

Ziel 100

b.
36 000 : 60 = ______
30 · 6000 = ______
60 · 30 = ______
600 · 30 = ______
180 000 : 3000 = ______
18 000 : 600 = ______

Ziel 1800

c.
560 000 : 800 = ______
7000 − 1400 = ______
56 000 : 8 = ______
700 + 55 300 = ______
5 600 : 80 = ______
70 · 8 = ______

Ziel 560

d.
5400 : 60 = ______
54 000 − 45 000 = ______
9 + 45 = ______
9000 · 60 = ______
90 · 600 = ______
540 000 : 60 000 = ______

Ziel 54

e. Erfinde weitere Hüpf-in-der-Reihe-Aufgaben und gib sie deiner Partnerin oder deinem Partner zum Lösen.

Rechentraining

19 Zwei Kinder rechnen falsch. Finde die Fehler.

Leon

13 400 − 9 999 = 3399
13 400 − 10 000 = 3400
3400 − 1 = 3399

Lale

190 000 + 19 000 = 209 000
200 000 + 20 000 = 220 000
220 000 − 11 000 = 209 000

Lars

280 000 + 128 000 = 308 000
80 000 + 28 000 = 108 000
108 000 + 200 000 = 308 000

20 Stell dir vor, du wolltest bis 1 Million zählen und könntest in jeder Sekunde eine Zahl weiterzählen. Wenn du Tag und Nacht zählen würdest, wie lange bräuchtest du ungefähr?

☐ Eine Stunde ☐ 10 Stunden ☐ 1 Tag ☐ 10 Tage ☐ 100 Tage ☐ 1 Jahr

Schreibe auf, warum deine Angabe richtig ist.

21 Wie viele Buchstaben kommen ungefähr in einem Harry-Potter-Roman vor?

☐ 50 000 ☐ 100 000 ☐ 500 000 ☐ 1 000 000 ☐ 2 000 000 ☐ 10 000 000

Schreibe auf, wie du vorgegangen bist.

22 Hüpf in der Reihe.

a.
9876 + 98 765 + 987 654 =
767 155 + 9 + 99 =
1 027 616 + 19 − 135 790 =
767 263 − 264 − 67 000 =
1 096 295 − 789 − 67 890 =
891 845 − 1234 − 123 456 =

Ziel: 699 999

b.
567 765 − 9889 − 101 =
425 456 − 76 567 + 1221 =
51 047 + 555 555 − 567 765 =
350 110 − 299 992 + 929 =
38 837 + 678 876 + 1005 =
557 775 − 123 321 − 8998 =

Ziel: 718 718

c.
1212 + 989 898 − 1210 =
16 288 + 712 + 171 =
879 396 − 5555 − 555 555 =
318 286 − 1999 − 299 999 =
989 900 − 898 989 − 11 111 =
79 800 + 798 + 798 798 =

Ziel: 17 171

23 Nimm aus jedem Topf eine Zahl. Die Summe soll 10 000 betragen.

24 Wie viele Stellen hat das Ergebnis? Notiere außerdem zu drei der Aufgaben deine Überlegungen.

a.	b.	c.	d.	e.
20 · 300	15 · 2000	36 · 22	1920 : 3	381 200 : 40
30 · 300	150 · 200	31 · 320	192 000 : 30	3812 : 4
40 · 300	150 · 400	260 · 42	69 230 : 70	102 600 : 3
400 · 300	1500 · 600	210 · 470	692 300 : 7	102 600 : 60
400 · 200	15 · 8000	1600 · 52	700 049 : 7	1026 : 9

25 Schöne Rechungen! Warum? Setze die Reihe, wenn möglich, sinnvoll fort.

a.	b.	c.	d.	e.
77 · 13	37 037 · 3	1 · 8 + 1	1 · 9 + 2	8554 : 7
77 · 26	37 037 · 6	12 · 8 + 2	12 · 9 + 3	13 998 : 6
77 · 39	37 037 · 9	123 · 8 + 3	123 · 9 + 4	17 220 : 5
77 · 52	37 037 · 12	1234 · 8 + 4	1234 · 9 + 5	18 220 : 4

26 Berechne die Differenz der beiden Ergebnisse. Setze die Reihe, wenn möglich, sinnvoll fort.

a.	b.	c.	d.	e.
12 · 12	23 · 23	34 · 34	45 · 45	56 · 56
11 · 13	22 · 24	33 · 35	44 · 46	55 · 57

Rechentraining

27

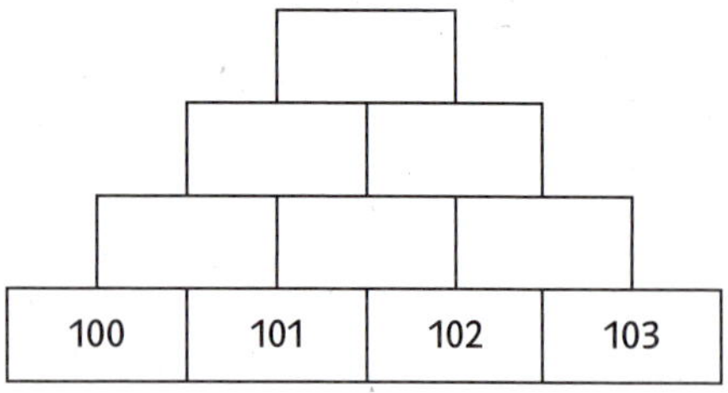

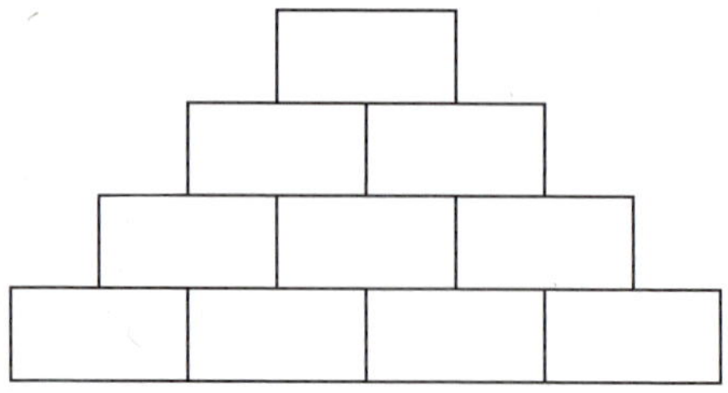

a. In der unteren Reihe dieser Zahlenmauer stehen vier aufeinanderfolgende Zahlen. Schreibe in den darüberliegenden Baustein immer die Summe der beiden darunterliegenden Bausteine. Welche Zahl steht ganz oben?

b. Denke dir selbst vier aufeinanderfolgende Zahlen aus und schreibe sie in die untere Reihe. Berechne dann auf die gleiche Weise die Zahl im oberen Baustein. Rechne einige Beispiele. Was fällt dir auf?

c. Untersuche, welche der Zahlen 900; 901; 902; 904; 908; 1024 und 1028 ganz oben stehen können.

d. In der unteren Reihe sollen die Zahlen 100; 101; 102 und 103 stehen, aber in anderer Reihenfolge. Welches ist das größte Ergebnis, das ganz oben stehen kann? Welches das kleinste? Wie viele unterschiedliche Ergebnisse gibt es?

28 Probiere aus.

a. Welche dieser Zahlenmauern kannst du ausfüllen?

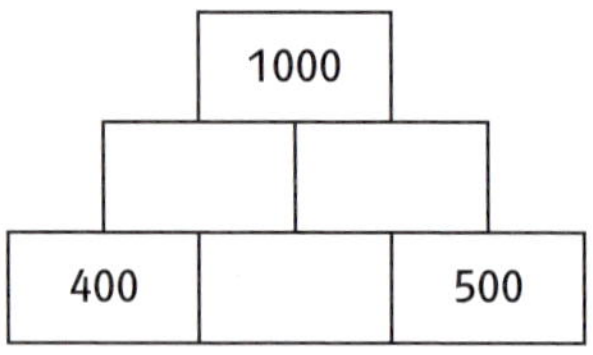

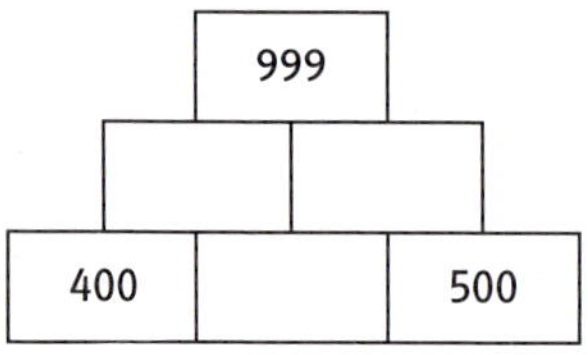

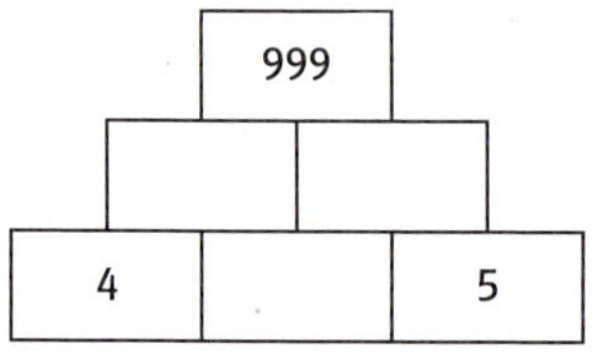

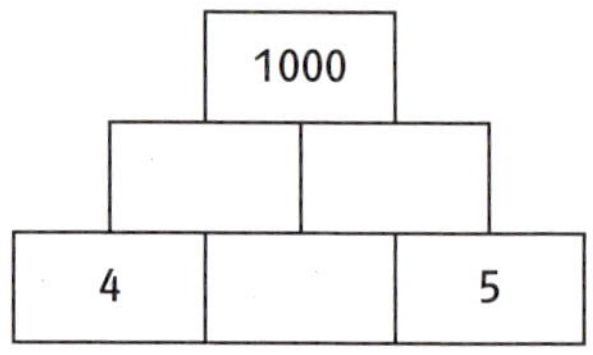

b. Probiere eigene Beispiele aus. Was beobachtest du? Woran liegt das?

29

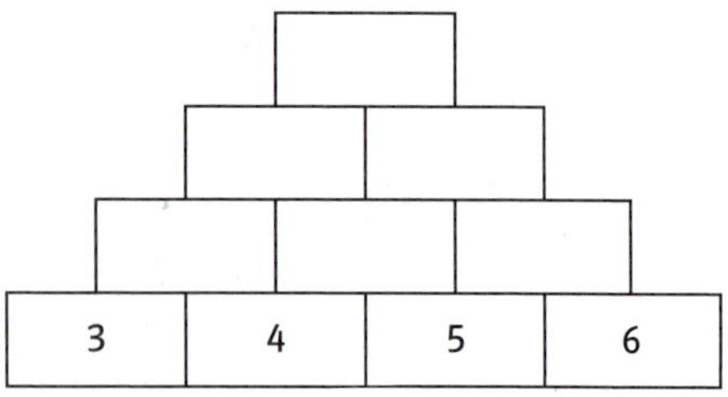

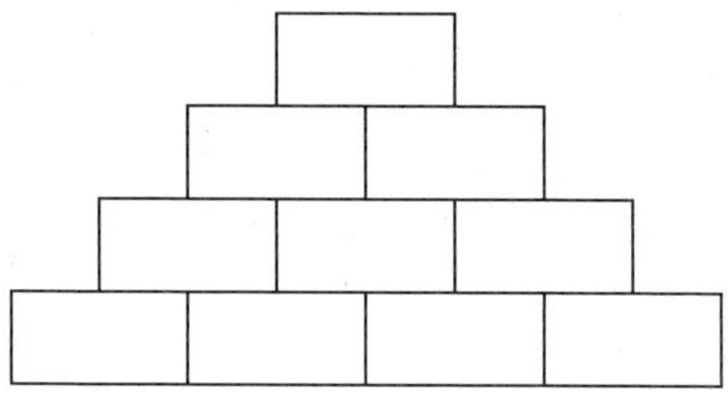

a. In der unteren Reihe stehen wiederum vier aufeinanderfolgende Zahlen. Jetzt sollst du immer zwei nebeneinanderliegende Zahlen miteinander multiplizieren und das Ergebnis dann in den darüberliegenden Stein schreiben. Welche Zahl steht ganz oben? Schätze zuerst und rechne dann. Vergleiche das Ergebnis mit deiner Schätzung.

b. Denke dir nun selbst vier aufeinanderfolgende Zahlen aus und schreibe sie in die untere Reihe. Berechne dann auf die gleiche Weise die Zahl im oberen Baustein. Rechne einige Beispiele. Was fällt dir auf?

c. Du darfst die Reihenfolge der unteren Steine verändern. Welches ist das größte Ergebnis, das du erhalten kannst? Welches ist das kleinste Ergebnis?

30 Lukas und Sarah berechnen die Aufgabe 99 · 865. Hier siehst du ihre Rechnungen.

a. Wie würdest du rechnen?

b. Erkläre die Rechnungen der beiden. Welche Rechnung hältst du für besonders geschickt gewählt? Warum?

Lukas

·	865
100	86 500
1	865
	85 635

Sarah

·	800	60	5	
90	72 000	5 400	450	77 850
9	7 200	540	45	7 785
				85 635

c. Rechne mit Köpfchen. Vergleiche deinen Rechenweg mit dem deiner Nachbarin und deines Nachbarn:

A 6 · 99 B 53 · 90 C 19 · 43 D 625 · 999 E 201 · 499

d. Denke dir weitere Aufgaben aus, die du mit Köpfchen berechnen kannst.

31 Finde heraus, was falsch ist, und rechne anschließend richtig:

a.

```
319 · 41
 1276
  319
 1595
```

b.

```
604 · 32
1812
  128
18248
```

c.

```
357 · 209
   714
   3213
  10353
```

d.

```
456 · 231
   912
     456
   1368
  105336
```

Rechentraining

32 Rechne immer eine der beiden Aufgaben. Finde das Ergebnis der anderen mit möglichst wenig Rechnen heraus. Begründe deine Vorgehensweise.

a. 56 625 : 15 = ____
56 640 : 15 = ____

b. 37 824 : 12 = ____
37 848 : 12 = ____

c. 54 625 : 25 = ____
54 725 : 25 = ____

d. 76 285 : 19 = ____
76 266 : 19 = ____

e. Denke dir weitere solcher Aufgaben aus. Rechne zuerst selbst und gib sie dann deiner Partnerin oder deinem Partner zum Lösen.

33 Hier wurden Fehler gemacht. Finde heraus, was falsch ist, und rechne anschließend richtig:

a.
```
3 2 4 9 6 : 1 6 = 2 3 1
3 2
  0 4 9
    4 8
      1 6
      1 6
        0
```

b.
```
4 8 3 0 0 : 1 5 = 3 2 0
4 5
  3 3
  3 0
    3 0
    3 0
      0
```

34 Schreibe, wenn möglich, alle Beispiele auf. Begründe, falls es nicht möglich ist.

a. Addiere zwei Zahlen, sodass das Ergebnis 12 ergibt. Auf wie viele Arten kannst du das tun?

b. Subtrahiere zwei Zahlen, sodass das Ergebnis 12 ergibt. Auf wie viele Arten kannst du das tun?

c. Multipliziere zwei Zahlen, sodass das Ergebnis 12 ergibt. Auf wie viele Arten kannst du dies tun?

d. Dividiere zwei Zahlen, sodass das Ergebnis 12 ergibt. Auf wie viele Arten kannst du dies tun?

35 Carla hat die Aufgabe 16 · 5 so ausgerechnet:

16 · 10 = 160
160 : 2 = 80

a. Ist das richtig? Begründe deine Antwort.

b. Bei welchen der folgenden Aufgaben eignet sich Carlas Verfahren? Rechne auch.

A 16 · 9
B 5 · 47
C 32 · 4
D 65 · 5
E 5 · 89
F 7 · 16

c. Denke dir weitere Aufgaben aus, die du lösen kannst wie Carla.

36 Tim

250 000 : 8 = 31 250
250 000 : 2 = 125 000
125 000 : 2 = 62 500
62 500 : 2 = 31 250

Larissa

250 000 : 8 = 31 250
240 000 : 8 = 30 000
8 000 : 8 = 1 000
2 000 : 8 = 250
31 250

a. Erkläre die Rechenwege von Tim und Larissa.

b. Wie würdest du rechnen?

c. Welche der folgenden Aufgaben kannst du wie Tim lösen? Berechne sie.

A 58 000 : 8
B 58 000 : 5
C 126 000 : 6
D 126 000 : 4
E 438 000 : 3
F 438 000 : 8
G 6 868 000 : 8
H 686 000 : 7

d. Finde Aufgaben, die du wie Larissa lösen kannst. Löse sie.

6 Tabellen und Grafiken

1 Ergebnisse des 33. Spieltages

Datum	Zeit	Heim	Gast	Ergebnis
12.05.	15:30	Energie Cottbus	FC Bayern München	0:3
12.05.	15:30	1. FC Nürnberg	Hamburger Sportverein	0:2
12.05.	15:30	Borussia Dortmund	Schalke 04	2:0
12.05.	15:30	Hertha BSC Berlin	Bayer Leverkusen	2:3
12.05.	15:30	VfL Bochum	VfB Stuttgart	2:3
12.05.	15:30	FSV Mainz 05	Borussia M'gladbach	3:0
12.05.	15:30	Arminia Bielefeld	Hannover 96	3:1
12.05.	15:30	SV Werder Bremen	Eintracht Frankfurt	1:2
12.05.	15:30	Alemannia Aachen	VfL Wolfsburg	2:2

Erstelle mithilfe der Ergebnisse und der Tabelle in der Lernumgebung die Tabelle nach dem 33. Spieltag:

Platz	Verein	Spiele	S	U	N	Tore	Punkte
1.							
2.							
3.							
4.							
5.							
6.							
7.							
8.							
9.							
10.							
11.							
12.							
13.							
14.							
15.							
16.							
17.							
18.							

2

a. Sieh dir die Tabelle auf der rechten Seite an. Welche Spielpaarungen des letzten Spieltages der Saison lassen sich eindeutig zuordnen und wie sind sie ausgegangen?

b. Wie hoch hätte Aachen gewinnen müssen, um noch vor Wolfsburg zu kommen und so den Abstieg zu vermeiden?

Tabelle des 34. Spieltages

Platz	Verein	Spiele	S	U	N	Tore	Punkte
1.	VfB Stuttgart	34	21	7	6	61:37	70
2.	Schalke 04	34	21	5	8	53:32	68
3.	SV Werder Bremen	34	20	6	8	76:40	66
4.	FC Bayern München	34	18	6	10	55:40	60
5.	Bayer Leverkusen	34	15	6	13	54:49	51
6.	1. FC Nürnberg	34	11	15	8	43:32	48
7.	Hamburger Sportverein	34	10	15	9	43:37	45
8.	VfL Bochum	34	13	6	15	43:37	45
9.	Borussia Dortmund	34	12	8	14	41:43	44
10.	Hertha BSC Berlin	34	12	8	14	50:55	44
11.	Hannover 96	34	12	8	14	41:50	44
12.	Arminia Bielefeld	34	11	9	14	47:49	42
13.	Energie Cottbus	34	11	8	15	38:49	41
14.	Eintracht Frankfurt	34	9	13	12	46:58	40
15.	VfL Wolfsburg	34	8	13	13	37:45	37
16.	FSV Mainz 05	34	8	10	16	34:57	34
17.	Alemannia Aachen	34	9	7	18	46:70	34
18.	Borussia M'gladbach	34	6	8	20	23:44	26

3 Gibt es Interpreten aus dieser Tabelle, die auch heute eine Single in den Charts haben?

Single Charts 21. 9. 2007

1	1	●	5. Woche	**Hamma** Culcha Candela
2			Neueinstieg	**Don't Stop the Music** Rihanna
3	2	↓	3. Woche	**1973** James Blunt
4	4	●	13. Woche	**Vom selben Stern** Ich + ich
5	7	↑	6. Woche	**The Question Is What Is The Question?** Scooter
6	3	↓	2. Woche	**Ayo Technology** 50 Cent feat. Justin Timberlake & Timbaland
7	6	↓	10. Woche	**The Way I Are** Timbaland feat. Keri Hilson & D.O.E.
8			Neueinstieg	**Das Gegenteil von Liebe** Jörg Schlönvoigt
9	5	↓	9. Woche	**Prison Break Anthem (Ich Glaub An Dich)** Azad feat. Adel Twail
10	9	↓	10. Woche	**Big Girls Don't Cry** Fergie

Single Charts 14. 9. 2007

1	___. Woche	
2	___. Woche	
3	___. Woche	
4	___. Woche	
5	___. Woche	
6	___. Woche	
7	___. Woche	
8	___. Woche	
9	___. Woche	
10	___. Woche	

Single Charts 21.9.2007

a. Welche Single hat den größten Sprung nach oben gemacht? Welche ist am weitesten zurückgefallen? Welche ist schon am längsten in den Charts?

b. Wie sahen die Charts am 14.9. aus? Welche Informationen fehlen dir, um die Tabelle vollständig zu erstellen?

T1 Teste dich selbst

- Löse den Test, wenn du im Arbeitsheft die Seiten 4–21 bearbeitet hast.
- Nimm, wenn nötig, ein zusätzliches Blatt.
- Kreuze nach jeder Aufgabe an, wie es dir ergangen ist:
- Wenn du mit dem Test fertig bist, kannst du deine Ergebnisse mit den Lösungen auf Seite 90|91 vergleichen.
- Trifft zu, was du angekreuzt hast?

a Da bin ich sicher. Das kann ich.
b Da bin ich unsicher. Das werde ich weiter üben.
c Das kann ich nicht. Hier brauche ich Hilfe.

1 Hier ist eine Zahl mit Plättchen dargestellt.

Millionen M	Hunderttausender HT	Zehntausender ZT	Tausender T	Hunderter H	Zehner Z	Einer E
●		●	●●●●● ●●	●●●	●●●●● ●●●●	●●●●

a. Wie heißt die Zahl? ______

b. Nenne zu der Zahl die nächstliegende Zehntausenderzahl. ______

c. Ute legt an der Zehnerstelle ein Plättchen dazu. Schreibe eine Rechnung dazu. ______

d. Was geschieht, wenn ein Plättchen von der Tausender- an die Hunderterstelle verschoben wird?
Die Zahl wird
um 100 kleiner ☐ um 100 größer ☐ um 1000 größer ☐
um 900 kleiner ☐ um 900 größer ☐

a b c

2

a. 35 836 – 6000 **b.** 245 789 + 999 **c.** 5000 · 30 **d.** 360 000 : 600

a b c

3 Finde zwei Kärtchen mit dem gleichen Ergebnis.

☐ = ☐

600 · 500 6000 · 5 60 · 5000 60 000 · 50 60 · 500 000

a b c

4 Notiere die fehlenden Zahlen am Zahlenstrahl bzw. Zahlenstrahlausschnitt.

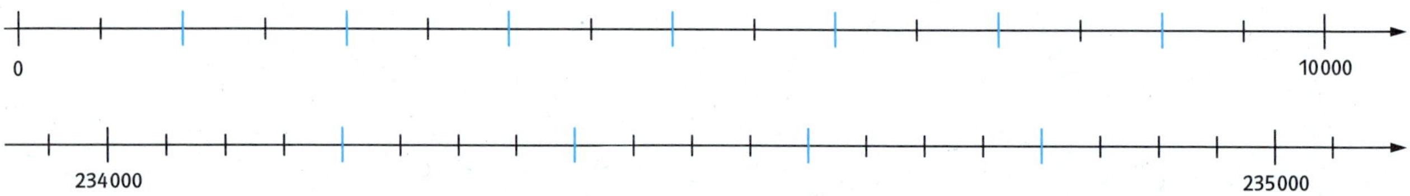

a b c

5 Wie viele Stunden hast du bisher ungefähr gelebt? Notiere deine Überlegungen oder Rechnungen.
☐ 1000 ☐ 10 000 ☐ 100 000 ☐ 1 000 000

a b c

6 Tim hat eine Aufgabe gelöst. Welche der folgenden Aufgaben kannst du ähnlich wie Tim lösen? Schreibe den Lösungsweg und die Lösung auf.

98 000 : 4 = 24 500
98 000 : 2 = 49 000
49 000 : 2 = 24 500

46 000 : 5
84 000 : 6
56 000 : 4

340 000 : 8
210 000 : 3
460 000 : 5

a b c

7 Rechne mit Köpfchen. Wo gelingt dir das? Wo gehst du lieber „auf Nummer sicher“?

a. 567 + 567 890 − 5678
567 890 − 567 − 5678
5678 + 567 + 567 890
567 890 − 567 + 5678

b. 17 340 : 17
17 374 : 17
17 376 : 17
17 393 : 17

c. 234 · 200
234 · 199
234 · 202
234 · 398

d. Suche dir ein Beispiel aus den Aufgaben oben aus und erläutere daran, was für dich „Rechnen mit Köpfchen“ bedeutet.

a b c

8 Fülle die Malkreuze aus:

·	500	50	5	
70				
9				

·	400			
	28 000	6300		
		540	36	

·				
70	42 000	3500		45 640
			18	

·	700	70		
			700	**77 700**
		210		
		8610		**95 571**

Notiere zu jedem Malkreuz die passende Multiplikationsaufgabe und das Ergebnis.

a b c

9 Hier sind Fehler passiert. Finde sie. Beschreibe sie kurz in Worten. Schreibe die Rechnung dann richtig auf.

```
2 3 7 · 1 2 0 7
    2 3 7
      4 7 4
      1 6 5 9
    2 8 0 9 9
```

a b c

10

Kinder- und Jugendkriminalität
Zahl der von der Polizei ermittelten Tatverdächtigen in Deutschland in 1000

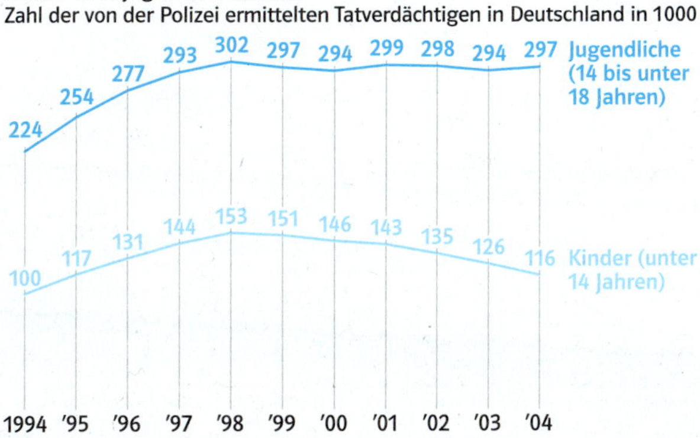

a. Beschreibe, was in dem Diagramm dargestellt wird.

b. Wann war die Kinderkriminalität am größten und gegen wie viele tatverdächtige Kinder ermittelte die Polizei in dem entsprechenden Jahr?

c. Wann war die Jugendkriminalität am größten und gegen wie viele tatverdächtige Jugendliche ermittelte die Polizei in dem entsprechenden Jahr?

d. Wann war der Unterschied zwischen Kinder- und Jugendkriminalität am größten und wie groß war er?

a b c

7 Figuren und Flächen

1 Gib alle Namen an, die die abgebildeten Vierecke haben können.

A
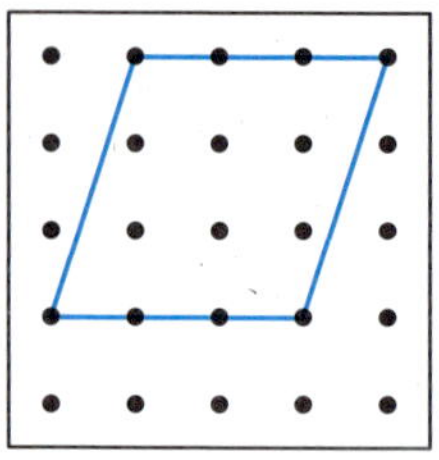

B
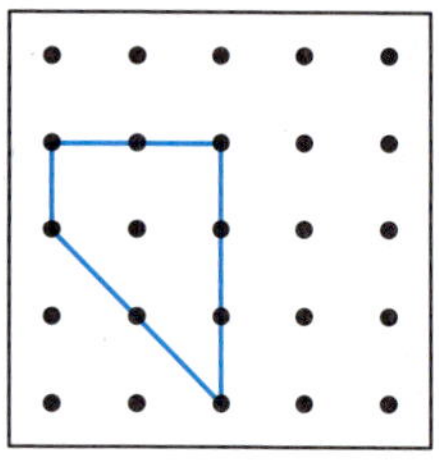

C
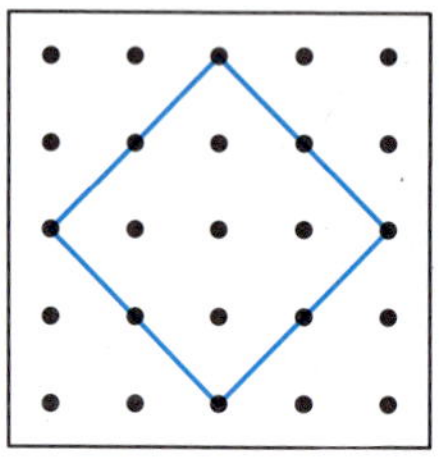

D
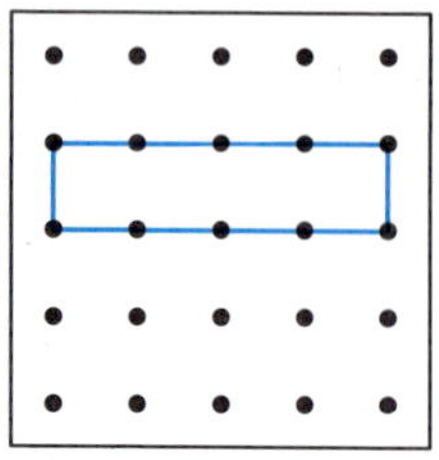

E
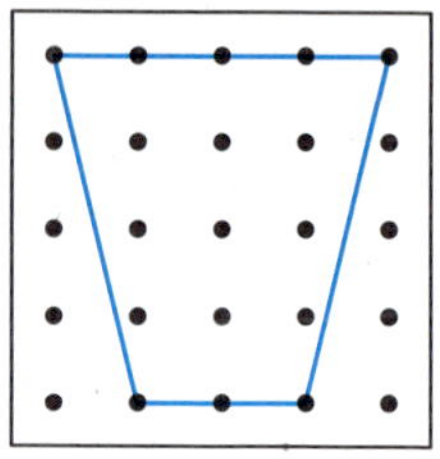

2 Vierecke stellen sich vor:

a. Ich habe vier rechte Winkel, meine Seiten sind aber nicht alle gleich lang.

Mein Name ist ______________.

b. Meine Seiten sind alle unterschiedlich lang, aber zwei davon sind parallel.

Mein Name ist ______________.

c. Meine Seiten sind nicht alle gleich lang, aber meine Winkel sind alle gleich groß.

Mein Name ist ______________.

d. Bei mir sind gegenüberliegende Seiten gleich lang, aber es sind nicht alle Seiten gleich. Rechte Winkel habe ich auch nicht. Mein Name ist ______________.

e. Bei mir sind alle Seiten gleich lang. Gegenüberliegende Winkel sind auch gleich groß, aber ich habe keine rechten Winkel. Mein Name ist ______________.

f. Ich habe vier gleich lange Seiten und einen rechten Winkel. Mein Name ist ______________.

g. Bei mir sind nur die gegenüberliegenden Seiten gleich lang und gegenüberliegende Winkel gleich groß, aber ich habe keinen rechten Winkel. Mein Name ist ______________.

3 Wie groß sind die Flächen der folgenden Figuren?

a.
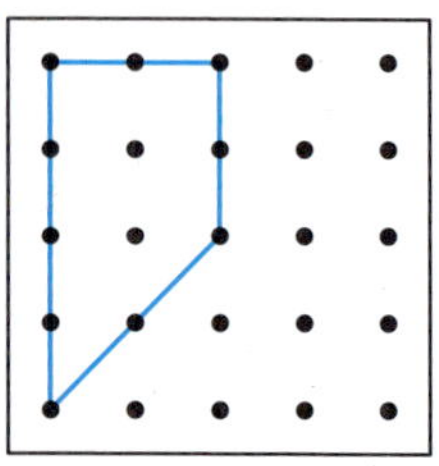

b.
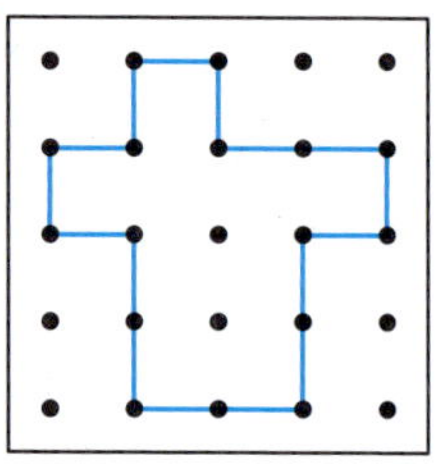

c.
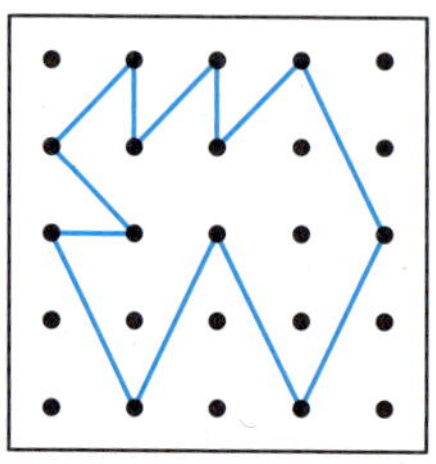

d.
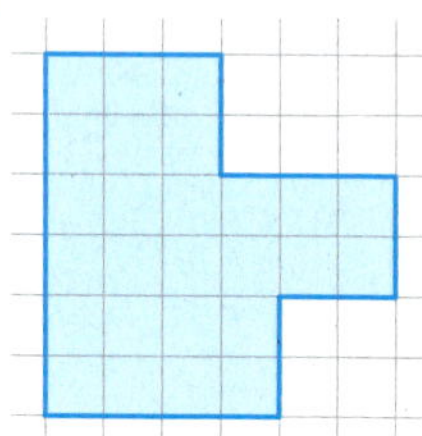

e.
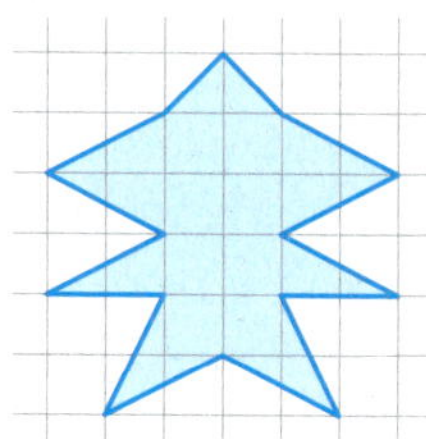

8 Mittelwerte

1 Berechne das arithmetische Mittel der Zahlen. Welche Gesetzmäßigkeit erkennst du?

a. 100; 300

b. 100; 300; 500

c. 100; 300; 500; 700

d. 100; 300; 500; 700; 900

e.

f.

2 Bestimme den Zentralwert der Zahlen. Was musst du zuerst machen?

a. 5; 15; 16; 30; 15

b. 18; 27; 3; 5; 25; 9; 31; 7; 5

c. 23; 1; 87; 45; 5; 51; 49; 82; 3; 12; 46

3 Schätze zunächst einen Durchschnittswert und berechne dann beide Mittelwerte.

a. Fünf Mädchen geben bei der Frage nach ihrer Schuhgröße die Werte 34; 38; 35; 40 und 33 an.

b. Sieben Kinder geben die Länge ihres Schulweges an: 350 m; 1 km; 1200 m; 5 km; 200 m; 3,5 km; 580 m.

4 Fünf Kinder einer Klasse wurden nach ihren wöchentlichen Ausgaben befragt. Die Ergebnisse sind im Diagramm festgehalten.

a. Zeichne eine weitere Säule ein, die einen Mittelwert darstellen soll.

b. Zeichne noch eine zur Grundlinie parallele Gerade in Höhe deines Mittelwertes ein. Was kannst du über die Abstände der Säulenhöhen zu deiner Linie sagen?

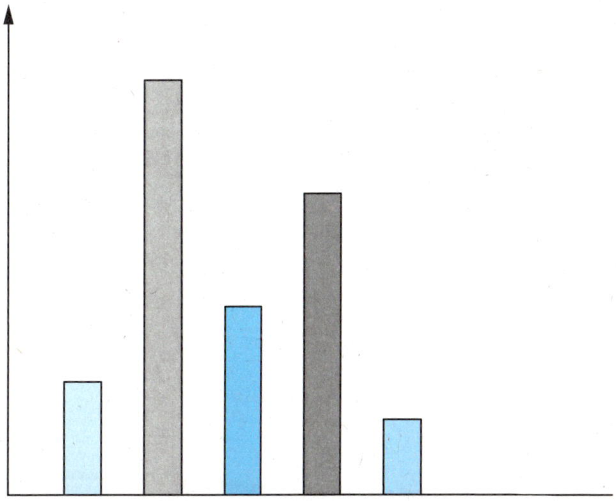

5 Suche jeweils 5 Zahlen mit dem arithmetischen Mittel 1000.

a. Keine der Zahlen darf 1000 sein.

b. Eine Zahl ist 850.

c. Die zweitgrößte Zahl ist 900.

d. Eine Zahl ist 700, eine andere ist 1500.

8 Mittelwerte

6 Ergänze einen möglichen fehlenden Wert.

a. 60; ____; 70; 40; 45; arithmetisches Mittel 50

b. 73; 66; 75; ____; 62; arithmetisches Mittel 77

c. ____; 20; 50; 10; 12; Zentralwert 15

d. 105; 1; 88; 110; ____; Zentralwert 105

7 Nach der allgemeinen Schulordnung beträgt die durchschnittliche Arbeitszeit für Hausaufgaben für die Schülerinnen und Schüler der Klassen 5 und 6 neunzig Minuten.
Die Arbeitszeiten von einigen Schülern betragen durchschnittlich pro Tag:

Name	Arbeitszeit für Hausaufgaben
Fritz	2 Stunden
Paula	100 Minuten
Lisa	$2\frac{1}{2}$ Stunden
Leon	30 Minuten
Anna	1 Stunde 30 Minuten
Paul	1 Stunde
Zoe	200 Minuten

a. Was können die Gründe für die unterschiedlichen Arbeitszeiten sein?

b. Wurden die gesetzlichen Vorgaben eingehalten?

8 In der Tabellenkalkulation gibt es Formeln zur Berechnung der Mittelwerte. Findest du sie in deiner Tabellenkalkulation? Vielleicht kannst auch du diese Tabelle erstellen und den Zentralwert (69) sowie das arithmetische Mittel (66) berechnen.

	A	B
1	25	
2	68	
3	14	
4	70	
5	111	
6	98	
7	87	
8	21	
9	65	
10	98	
11	69	
12		Zentralwert
13		arithmetisches Mittel

9 „Das Glück dieser Erde …“

1 Wie weit kommst du ungefähr, wenn du in langsamem Tempo vier Stunden wanderst?

☐ 80 m bis 120 m ☐ 0,8 km bis 1,2 km ☐ 8 km bis 12 km ☐ 80 km bis 120 km

Begründung: ______________________________

____

____

2 Im ungedeckten Teil des Offenstalles sollten jedem Pferd mindestens 15 m² Platz zur Verfügung stehen.
Bauer Johann möchte für seine Islandpferde genügend Auslauf im ungedeckten Teil des Offenstalles schaffen. Wie viele Islandpferde kann er jeweils unterbringen?
Zeichne. Für Aufgabe a. kannst du die kleine Figur unten benutzen.

a.

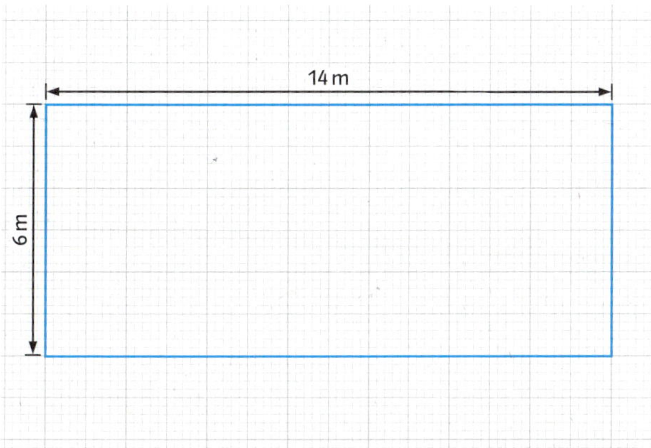

b.

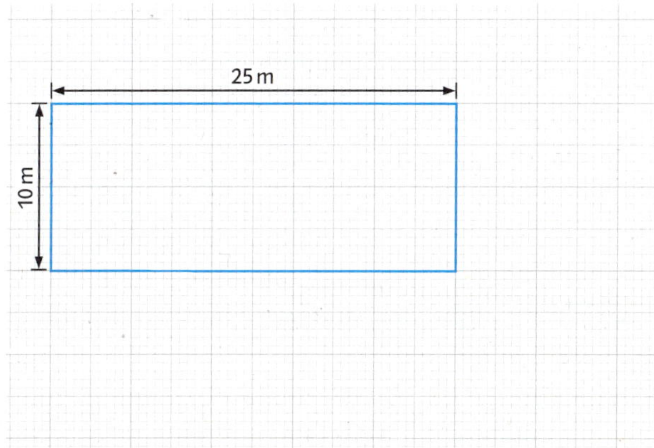

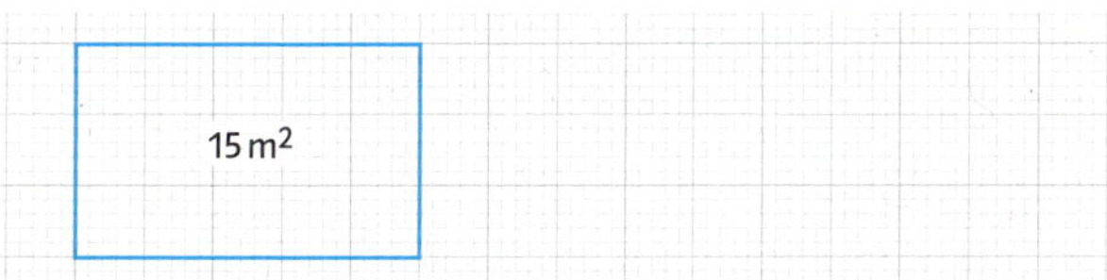

3 Ein alter Fußballplatz soll zu einer Weide für Islandpferde umgestaltet werden. Jedes Tier soll mindestens 50 m² Platz haben. Wie viele Pferde können darauf untergebracht werden? Zeichne.
Hältst du den Platz für ausreichend? Begründe.

____

____

____

____

____

____

____

____

____

____

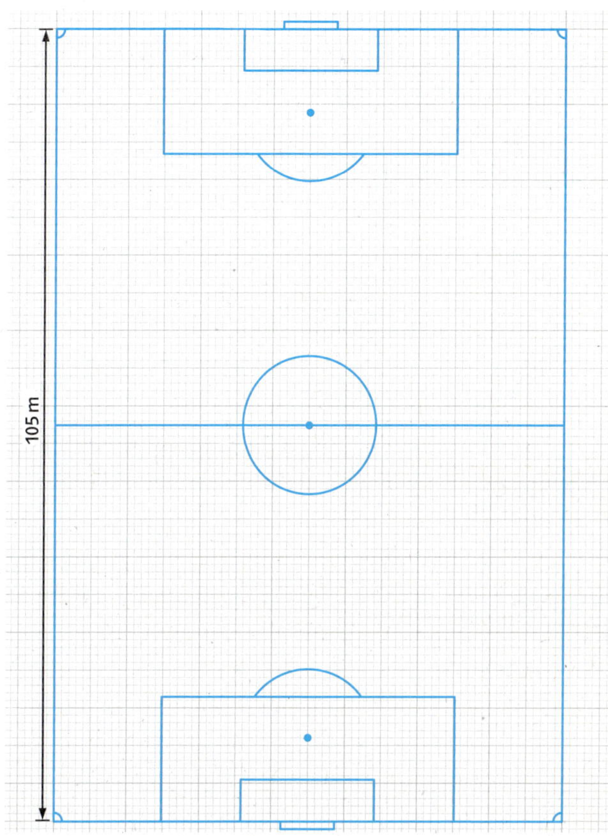

4

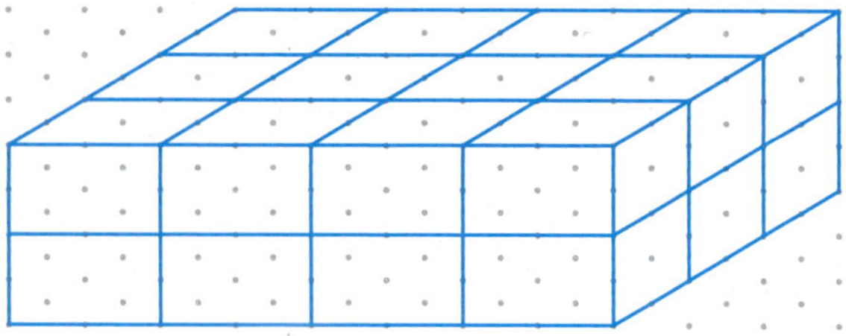

a. Wie viele Heuballen sind hier gestapelt?

Wie lang, breit und hoch ist der gesamte Stapel?

Wie schwer ist der gesamte Heustapel?

b. Karin hat 60 Heuballen gekauft. Zeichne auf das Punkteraster, wie Karin sie stapeln könnte. Wie lang, breit und hoch müsste der Raum dann jeweils mindestens sein?

Lies dir für die folgenden Aufgaben die Angaben über Futter und Wasser für Islandpferde im Buch nochmals genau durch.

5

a. Finde heraus, wie viel Liter Wasser ungefähr in einen Eimer passen.

b. An Pauls Pferdehof gibt es sieben Islandponys. Wie viele Eimer Wasser muss Paul an einem heißen Tag ungefähr schleppen?

c. Paul hat in einer Tabelle notiert, wie viel Liter Wasser sein Islandpferd jeden Tag getrunken hat. Wie viel Liter hat sein Pferd durchschnittlich getrunken?

Datum	12.6.	13.6.	14.6.	15.6.	16.6.	17.6.	18.7.
Liter	35	42	37	52	40	39	49

6 Welche Fragen könnte man mit den folgenden Rechnungen beantworten?
Rechne auch und beantworte deine Fragen.

25 000 g : 500 g =

Tage	2	10	20	30
Kosten	0,80 €			

7 · 500 g =

3 · 2 kg =

5 · 70 cm =

12 kg : 6 kg =

16 € : 20 =

6 kg · 365 =

10 Anschlüsse

1 Berechne die Reisezeiten.

Düsseldorf ab	9:14	Amsterdam	an	11:25	Reisezeit:	
Düsseldorf ab	9:58	Mannheim	an	13:07	Reisezeit:	
Düsseldorf ab	10:09	Kleve	an	11:34	Reisezeit:	
Düsseldorf ab	11:02	Köln/Bonn/Flughafen	an	11:43	Reisezeit:	
Düsseldorf ab	11:48	Berlin	an	19:24	Reisezeit:	
Düsseldorf ab	12:17	Braunschweig	an	15:48	Reisezeit:	

2 Busse fahren im Takt. Gib die weiteren Abfahrtszeiten zwischen 11:30 und 13:45 an.

Linie 1: alle 15 Minuten: 11:35

Linie 2: alle 12 Minuten: 11:40

Linie 3: alle 6 Minuten: 11:42

Linie 4: im Wechsel alle 7/8 Minuten: 11:51

3 Du hast in Koblenz den Zug verpasst. Berechne die Reisezeit für die Strecke Koblenz – Aachen. Für das Umsteigen in Köln brauchst du sieben Minuten.

Koblenz ab	17:12	17:16		18:12	18:16	
Köln an	18:05	18:28		19:05	19:23	
Köln ab	18:14		18:47	19:17		19:44
Aachen an	18:52		19:49	20:09		20:16

a. Ich bin um 17:03 Uhr am Bahnhof Koblenz.

Abfahrt in Koblenz Ankunft in Aachen Reisezeit Koblenz-Aachen

b. Ich bin um 17:12 Uhr am Bahnhof.

Abfahrt in Koblenz Ankunft in Aachen Reisezeit Koblenz-Aachen

c. Ich bin um 17:50 Uhr am Bahnhof.

Abfahrt in Koblenz Ankunft in Aachen Reisezeit Koblenz-Aachen

d. Ich bin um 18:10 Uhr am Bahnhof.

Abfahrt in Koblenz Ankunft in Aachen Reisezeit Koblenz-Aachen

4 Wie viele Minuten? Wie viele Stunden und Minuten?

1 h 27 min	1 h 15 min	2 h 15 min	3 h 15 min			
87 min				148 min	248 min	348 min

5 Wie viele Sekunden? Wie viele Minuten und Stunden?

6 min 20 s	3 min 12 s	1 min 44 s				10 min 5 s	
380 s			220 s	112 s	930 s		230 s

10 Anschlüsse

6 Dorothee möchte von Bielefeld nach Stuttgart reisen. Im Internet findet sie folgende Verbindungen:

Bahnhof/Haltestelle	Zeit		Gleis	Produkte	Bemerkungen
Bielefeld Hbf Dortmund Hbf	ab an	15:40 16:04	4 18	RE 4326	Regionalbahn Fahrradmitnahme begrenzt möglich
Dortmund Hbf Stuttgart Hbf	ab an	16:38 20:08	16 15	ICE 613	Intercity-Express Bordbistro

Bahnhof/Haltestelle	Zeit		Gleis	Produkte	Bemerkungen
Bielefeld Hbf Köln Hbf	ab an	14:42 16:45	4 8	IC 2048	Intercity Fahrradmitnahme reservierungspflichtig
Köln Hbf Mannheim Hbf	ab an	16:54 18:24	6 4	ICE 601	Intercity-Express Bordbistro
Mannheim Hbf Stuttgart Hbf	ab an	18:31 19:08	5 16	ICE 691	Intercity-Express Bordreataurant

a. Vergleiche die Reisezeiten der beiden Verbindungen.

b. Welche Verbindung würdest du nehmen? Begründe.

7

Bahnhof/Haltestelle	Zeit		Gleis	Produkte	Bemerkungen
Münster (Westf) Hbf Köln Hbf	ab an	18:03 19:46	9 7	IC 2229	Intercity Bordbistro, Fahrradmitnahme reservierungspflichtig
Köln Hbf Frankfurt (M) Flughafen	ab an	19:54 20:51	6 Fern 5	ICE 615	Intercity-Express Bordbistro
Frankfurt (M) Flughafen Frankfurt (Main) Hbf	ab an	21:01 21:13	Fern 4 3	ICE 1659	Intercity-Express SnackPoint/Imbiss im Zug

Bahnhof/Haltestelle	Zeit		Gleis	Produkte	Bemerkungen
Bonn Hbf Köln Hbf	ab an	14:44 15:05	1 4	IC 2112	Intercity Fahrradmitnahme reservierungspflichtig
Köln Hbf Hagen Hbf	ab an	15:13 15:59	2 6/5	IC 2045	Intercity Fahrradmitnahme reservierungspflichtig
Hagen Hbf Witten Hbf	ab an	16:17 16:30	18 3	ABR33822	ABELLIO Rail Fahrradmitnahme begrenzt möglich

Berechne von den obigen Verbindungen Reisezeit, Umsteigezeit und reine Fahrzeit.

8 Cem rechnet Zeiten schriftlich zusammen:

1 h 22 min	1 h 53 min
+ 2 h 21 min	+ 3 h 48 min
3 h 43 min	5 h 01 min

Hat er richtig gerechnet?

Wenn nein, welchen Fehler hat er gemacht?

11 Runden

1 Runde auf 1 Euro genau.

4444,40 € ≈
5555,50 € ≈
4646,40 € ≈
444,40 € ≈
555,50 € ≈
464,60 € ≈
44,40 € ≈
55,50 € ≈
46,40 € ≈
4,40 € ≈
5,50 € ≈
4,60 € ≈

2 Runde auf 10 cm genau.

4444,4 cm ≈
5555,5 cm ≈
4646,4 cm ≈
444,4 cm ≈
555,5 cm ≈
464,6 cm ≈
44,4 cm ≈
55,5 cm ≈
46,4 cm ≈
4,4 cm ≈
5,5 cm ≈
4,6 cm ≈

3 Runde auf 100 l genau.

4444,4 l ≈
5555,5 l ≈
4646,4 l ≈
444,4 l ≈
555,5 l ≈
464,6 l ≈
44,4 l ≈
55,5 l ≈
46,4 l ≈
4,4 l ≈
5,5 l ≈
4,6 l ≈

4 Runde auf 1000 kg genau.

4444,400 kg ≈
5555,500 kg ≈
4646,400 kg ≈
444,400 kg ≈
555,500 kg ≈
464,600 kg ≈
44,400 kg ≈
55,500 kg ≈
46,400 kg ≈

5 Runde die Einwohnerzahlen der zehn größten deutschen Städte auf 1000 (auf 10 000) Einwohner genau. (Stand: 2006)

Berlin	3 382 169
Hamburg	1 715 392
München	1 210 223
Köln	962 884
Frankfurt a. M.	646 550
Essen	595 243
Dortmund	588 994
Stuttgart	583 875
Düsseldorf	569 364
Bremen	539 403

Zeichne ein geeignetes Diagramm, welches die Einwohnerzahlen abbildet. Hast du damit ein Problem?

6 Du findest hier gerundete Zahlen. Wie könnte die ursprüngliche Zahl aussehen, wenn auf Zehner (Hunderter, Tausender) gerundet wurde? Gib je zwei Beispiele an.

a. 3000 **b.** 120 000 **c.** 6 000 000 **d.** 5500 **e.** 77 000

7 Hier siehst du Zahlen und gerundete Zahlen. Gib an, auf welche Stelle gerundet wurde.

a.
22 566 ≈ 22 600
789 ≈ 790
45 ≈ 0
1311 ≈ 1310

b.
45 009 ≈ 50 000
6705 ≈ 6700
180 990 ≈ 200 000
29 999 ≈ 30 000

8

a. Familie Naumann ist am Wochenende 23 856 m gewandert. Was erzählt Meike in der Schule?

b. Lucas sagt, er habe ungefähr 25 Euro in der Tasche. Wie viel Euro könnte er tatsächlich im Geldbeutel haben?

c. Lea fragt ihren Freund, wie lange er mit dem Fahrrad zum Baggersee braucht. Er sagt: „Beim letzten Mal bin ich 1 Stunde 12 Minuten und 37 Sekunden gefahren."

d. Chantal kauft ein: Milch 1,29 €; Kartoffeln 4,78 €; Brot 1,78 €; Kekse 2,99 €; Mineralwasser 4,59 €. Sie ist sich aber sicher, dass 15 Euro reichen.

9

a. Zeichne einen Zahlenstrahl bis 20. Erkläre am Zahlenstrahl, warum die Zahl 17 auf Zehner gerundet 20 und nicht 10 ergibt.

b. Markiere an einem Ausschnitt des Zahlenstrahls von 100 bis 200, welche Zahlen auf 100 gerundet werden, wenn man auf Hunderter rundet. Was haben all diese Zahlen gemeinsam?

c. Nenne Situationen, in denen es sinnvoll ist, Zahlen zu runden. Beschreibe aber auch Begebenheiten, in denen man in keinem Fall runden sollte. (Nimm ein Blatt.)

12 Größen und Komma

1 Schreibe in km und m und mit Komma.

1379 m =	km	m =	km
2468 m =	km	m =	km
3557 m =	km	m =	km
4646 m =	km	m =	km
5735 m =	km	m =	km
6824 m =	km	m =	km

2 Schreibe mit Komma.

135 790 m =	km
13 579 m =	km
1357 m =	km
135 m =	km
13 m =	km
1 m =	km

3 Schreibe in t und kg und mit Komma.

9150 kg =	t	kg =	t
8250 kg =	t	kg =	t
7350 kg =	t	kg =	t
6450 kg =	t	kg =	t
5550 kg =	t	kg =	t
4650 kg =	t	kg =	t

4 Schreibe mit Komma.

987 654 kg =	t
98 765 kg =	t
9876 kg =	t
987 kg =	t
98 kg =	t
9 kg =	t

5 Schreibe mit Komma.

a.

26 m 3 dm	26 m 3 cm	26 m 3 mm	26 km 3 m	26 km 33 m

b.

98 kg 800 g	98 kg 80 g	98 kg 8 g	98 kg 88 g	98 kg 888 g

c.

27 hl 60 l	27 hl 6 l	27 l 6 dl	27 l 6 cl	27 cl 6 ml

d.

49 € 5 ct	49 l 5 cl	49 km 50 m	49 m 5 cm	49 kg 5 g

6 Immer zwei Paare gehören zusammen und eine Zahl fällt aus dem Rahmen.
Unterstreiche jedes Paar mit einer eigenen Farbe.

a.	b.	c.	d.
918,3 cm	125 l	1,002 kg	5,06 km
9183 cm	12,5 l	1 kg 20 g	5,6 km
91,83 m	1,25 l	1002 g	56 m
9 m 183 mm	1,25 hl	1,020 kg	5060 m
918,3 m	125 dl	1,200 kg	5 km 600 m

7 Ordne der Größe nach. Beginne mit dem kleinsten Wert.

a. 1,23 m 3,12 m 2,13 m 1,32 m 2,31 m 3,21 m

b. 0,145 km 4,050 km 5,404 km 4,500 km 0,540 km 5,040 km
450 km 5,004 km 0,504 km 0,054 km 0,405 km 4,005 km

c. 11,100 kg 10,101 kg 0,111 kg 1,110 kg 10,110 kg
11,001 kg 10,011 kg 1,011 kg 11,010 kg 1,101 kg

Mein Merkzettel zum Thema Größen und Komma:

8 Unterstreiche sinnvolle Maßangaben. Wandle Maßangaben, die unüblich sind, in übliche um.

a.	b.	c.	d.
3,8876 m	0,000 67 t	7,3 l	3,76 €
2,761 km	16,3 g	210 000 ml	4778 ct
18 900 mm	177 600 g	0,765 l	3 € 5 ct
1,5 m	1,956 t	22,4 hl	22,01 €
22,87 cm	980 000 kg	25 000 cl	654 ct

9 Verbinde gleiche Längen miteinander.

2,45 m | 452 cm | 2540 mm | 24,5 dm | 5,42 m | 24 dm 5 cm

245 cm | 24,5 m | 245 dm | 4 m 52 cm | 0,00452 km | 2450 mm

Verbinde gleiche Gewichte miteinander.

77 kg 800 g | 878 g | 0,878 kg | 0 kg 878 g | 0,000878 t

77,08 kg | 0,0778 t | 0,787 kg

Verbinde gleiche Rauminhalte miteinander.

2 hl 2 l | 2220 ml | 2,02 hl | 2,22 l | 2,2 hl | 20200 cl

22,02 l | 222 cl | 2,2 l | 2 l 22 cl | 202 l | 22,2 l

13 Rechnen mit Komma

1 Berechne die folgenden Aufgaben. Stelle dar, welchen Weg du wählst und beschreibe, worauf du besonders achtest.

a. 4,7 km + 505 m
677,88 hl + 39,86 hl
230 m + 1,270 km

b. 14,76 l – 123 cl
13,500 t – 652 kg
7 hl – 180 l

c. 3 · 1,240 km
6 · 4,30 hl
5 · 2,995 km

d. 7,74 hl : 6
2,505 km : 5
18,663 t : 3

Hinweis zu den Aufgaben 2 bis 7: Berechne die Lösungen. In jedem Päckchen passt jeweils ein Ergebnis nicht zu den übrigen – unterstreiche es.

2

12,84 hl + 8,89 hl =

12,04 hl + 7,69 hl =

11,11 hl + 6,62 hl =

13,35 hl + 2,38 hl =

9,99 hl + 3,84 hl =

6,83 hl + 4,90 hl =

3

7,67 m + 26,87 m =

16,69 m + 27,85 m =

8,09 m + 46,45 m =

49,97 m + 14,67 m =

9,98 m + 64,56 m =

45,45 m + 39,09 m =

4

19,652 kg + 23,471 kg =

29,553 kg + 23,671 kg =

39,454 kg + 23,871 kg =

49,355 kg + 24,071 kg =

59,256 kg + 23,871 kg =

69,157 kg + 24,471 kg =

5

99,14 l – 61,16 l =

99,03 l – 51,15 l =

98,92 l – 41,14 l =

98,81 l – 31,31 l =

98,70 l – 21,12 l =

98,59 l – 11,11 l =

6

987,654 km – 975,309 km =

876,549 km – 853,093 km =

765,498 km – 730,931 km =

654,987 km – 609,309 km =

549,876 km – 493,097 km =

498,765 km – 430,875 km =

7

320,320 t – 230,230 t =

430,430 t – 340,340 t =

540,540 t – 450,450 t =

650,650 t – 500,560 t =

760,760 t – 670,670 t =

870,870 t – 780,780 t =

Nimm ein Blatt …

8 Addiere zur Startzahl 64,650 km und subtrahiere von der Startzahl 64,605 km. Berechne dann den Unterschied der beiden Ergebnisse.
Starte bei: 5400,500 km; 540,050 km; 450,005 km; 405,050 km.

Achtung: Eine der Aufgaben 9 – 14 tanzt aus der Reihe.

9

3,906 kg : 3 =

39,060 kg : 30 =

390,600 kg : 30 =

429,660 kg : 33 =

390,600 kg : 3 =

4296,600 kg : 33 =

10

56 471,520 km : 7 =

8067,360 km : 7 =

1152,480 km : 7 =

164,640 km : 7 =

23,520 km : 7 =

3,360 km : 7 =

11

1,234 t : 2 =

24,680 t : 4 =

370,200 t : 6 =

1,851 t : 3 =

37,020 t : 6 =

555,300 t : 9 =

12

2 · 93,960 km =

4 · 46,980 km =

6 · 31,320 km =

8 · 23,490 km =

10 · 18,792 km =

20 · 9,396 km =

13

4 · 30,85 m =

5 · 46,90 m =

6 · 57,60 m =

10 · 45,67 m =

4 · 141,95 m =

3 · 226,30 m =

14

2 · 2980,80 l =

4 · 1490,40 l =

6 · 993,60 l =

8 · 632,70 l =

3 · 1987,20 l =

9 · 662,40 l =

15

a. 4,657 t + 564 kg − 1,760 t
5,70 hl + 220 l − 1,78 hl
12,5 cl + 1,40 l − 0,5 l

b. 8,966 t − 640 kg − 45 kg
14,887 km − 210 m + 4,200 km
45,665 kg − 6700 g − 12,505 kg

16

a. Erfinde Additions- und Subtraktionsaufgaben, bei denen das Ergebnis 1,54 hl; 6,885 t; 99,554 kg und 2,003 km sein soll.

b. Erfinde Aufgaben mit Dezimalzahlen, die sich durch 6; 8; 13 und 18 teilen lassen.

17 Erfinde eine Rechengeschichte zu der Aufgabe und berechne.

a. Subtrahiere 2,67 hl von 1000 l.

b. Multipliziere 42,195 km mit 6.

c. Addiere 22,659 km und 776 m.

d. Dividiere 12,884 kg durch 4.

14 Proportionalität 1

1 Ergänze die folgenden Preislisten.

Geschenk-Kordel

Länge	Preis
1 m	
2 m	
3 m	4,50 €
4 m	
5 m	
6 m	
7 m	

Malpinsel

Anzahl	Preis
1	
2	
3	
4	10,60 €
5	
6	
7	

Bastelschere

Anzahl	Preis
1	3,55 €
2	
3	
4	
5	
6	
7	

2 Für die meisten Kekse braucht man Mehl. Die in den Tabellen bereits eingetragenen Zahlen stehen in einem Kekse-Backbuch. Ergänze nun die Tabellen.

Spritzgebäck

Stück	10	20	30	40	50	60	70	80	90	100
Mehl						420 g				

Schoko-Cookies

Stück	10	20	30	40	50	60	70	80	90	100
Mehl				60 g						

Vanillekipferl (Das Rezept mit 300 g Mehl ergibt 75 Stück.)

Stück	5	15	25	35	45	55	65	75	85	95
Mehl										

3 1 kg Mehl kostet 1 €. Was kostet das Mehl für 100 Kekse (siehe Aufgabe 2)?

	Spritzgebäck	Schoko-Cookies	Vanillekipferl
Mehl für 100 Kekse			
Preis für Mehl			

4 Zum Backen braucht man auch Eier. Sechs Eier kosten 1,80 €.

Anzahl Eier	6	1	10	20	30	50	100
Preis	1,80 €						

5 Wasserverbrauch beim Duschen
In einem Vierpersonenhaushalt werden pro Tag etwa 200 l Wasser für das Duschen verbraucht.
Wie viel Liter sind das ...

in einer Woche	in zwei Wochen	in einem Monat	in einem halben Jahr	in einem Jahr

Ein Sanitärgeschäft wirbt für eine neue Duschbrause. Damit kann man beim Duschen Wasser sparen.
Für eine Dusche braucht man nur noch etwa 30 Liter Wasser.
Vervollständige die Tabelle für einen Vierpersonenhaushalt, wenn jede Person pro Tag einmal duscht.
Verbrauch von Duschwasser...

in einer Woche	in zwei Wochen	in einem Monat	in einem halben Jahr	in einem Jahr

6 Auf einer Wanderung legst du in einer Stunde eine Strecke von ungefähr 4 km 500 m zurück.
Ergänze die folgenden Tabellen:

Zeit	10 min	20 min	30 min	40 min	50 min	60 min
Strecke						

Zeit						
Strecke	9 km	13 km 500 m	18 km	22 km 500 m	31 km 500 m	45 km

Wie beurteilst du die Ergebnisse?

7 Im Reitsport gibt es unterschiedliche Wettkämpfe. Auf langen Strecken (Distanzritt) muss man langsam reiten. Auf einer kurzen Strecke (Galopprennen) ist ein Rennpferd sehr schnell. Ergänze die folgenden Tabellen und prüfe deine Ergebnisse kritisch.

a. Geländeritt im Rahmen einer Military-Prüfung

Zeit	1 min	5 min	10 min	15 min	20 min	25 min
Strecke	240 m					

b. Querfeldein

Zeit	115 s					
Strecke	1 km 100 m	2 km 200 m	3 km 300 m	4 km 400 m	5 km 500 m	6 km 600 m

c. Distanzritt

Zeit	2 h 40 min					
Strecke	25 km	50 km	75 km	100 km	125 km	150 km

d. Galopprennen

Zeit	10 s	20 s	30 s	40 s	50 s	1 min
Strecke			570 m			

8 Carina möchte in den nächsten Sommerferien mit ihrem Bruder Jens an einem Ferienlager in der Schweiz teilnehmen. Jens entnimmt der Kurstabelle einer Bank den Kurs für Schweizer Franken (CHF): 1 CHF = 0,61 €:

a. Jens hat die folgende Umrechnungstabelle aufgestellt:

Betrag in CHF	5	10	20	25	30	50	80	100
Betrag in €	3,05	6,10	12,20	15,25	18,30	30,50	49,80	61,00

Carina behauptet, dass die Umrechnungstabelle einen Fehler enthält. Hat sie Recht?

b. Carina möchte wissen, wie viel € sie für 75 CHF bezahlen muss. Gib mithilfe der Umrechnungstabelle drei verschiedene Berechnungsmöglichkeiten an.

c. Carina möchte 40 € in CHF eintauschen. Wie viel CHF wird sie ungefähr bekommen? Erläutere deinen Rechenweg.

9 Michaels Vater möchte zusätzliche Heizölvorräte für den Winter einkaufen. Er erhält von der Lieferfirma das folgende Angebot:

Heizölmenge	500 l	1000 l	2000 l	4000 l
Preis	130 €	260 €	500 €	950 €

Handelt es sich hier um eine Proportionalitätstabelle? Was lässt sich über den Heizölpreis aussagen?

T2 Teste dich selbst

- Löse den Test, wenn du im Arbeitsheft die Seiten 24–41 bearbeitet hast.
- Nimm, wenn nötig, ein zusätzliches Blatt.
- Kreuze nach jeder Aufgabe an, wie es dir ergangen ist:
- Wenn du mit dem Test fertig bist, kannst du deine Ergebnisse mit den Lösungen auf Seite 91|92 vergleichen.
- Trifft zu, was du angekreuzt hast?

a Da bin ich sicher. Das kann ich.
b Da bin ich unsicher. Das werde ich weiter üben.
c Das kann ich nicht. Hier brauche ich Hilfe.

1 Ein Schüler hat folgende Figuren auf seinem Geobrett bzw. in seinem Heft dargestellt.

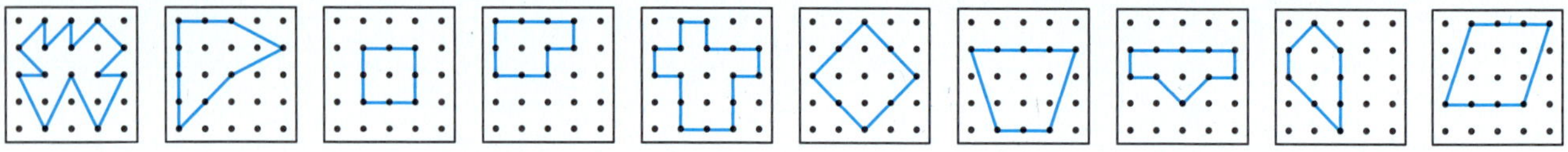

a. Welche davon sind Quadrate, welche Trapeze, Parallelogramme, Rauten oder Rechtecke?
b. Wie groß sind die Flächen der Figuren?

c. Fülle die untenstehende Tabelle mit deinen Ergebnissen aus b. aus.

Flächengröße	Häufigkeit

d. Erstelle ein Säulendiagramm, das angibt, wie oft welche Flächengröße vorgekommen ist.

a b c

2 In einer Umfrage werden folgende Geldbeträge genannt: 20 €; 10 €; 25 €; 50 €; 15 € und zweimal 30 €.

a. Bestimme den Zentralwert.

b. Berechne das arithmetische Mittel. Runde dabei sinnvoll.

a b c

3 Jeder Stab stellt einen Wert dar.

a. Identifiziere den Zentralwert.

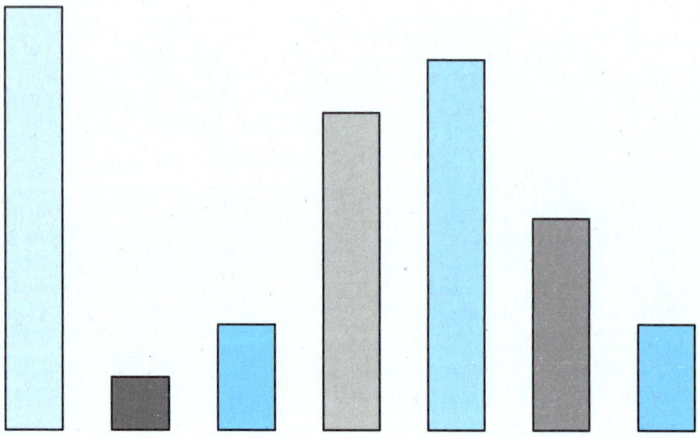

b. Wie lang etwa muss ein dritter Stab sein, wenn der erste Stab die Länge 10 hat und das arithmetische Mittel der drei Werte 8 ist?

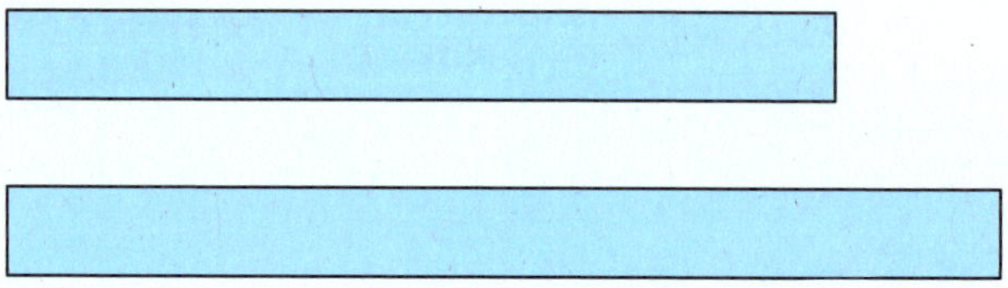

a b c

4

a. Danny züchtet Hunde. Zurzeit hat er vier ausgewachsene Hunde, aber keine Welpen. Pro Tag bekommt jeder seiner Hunde ca. 200 g Trockenfutter. Wie viel Futter braucht er für 1; 2; 3; 4 Tage? Wie lange reicht eine Packung Trockenfutter?

b. Welche Frage hat sich Danny gestellt?

8 € : 10 =

Rechne auch und beantworte die Frage.

Im Angebot:

Topp-Hundefutter
für den ausgewachsenen Hund!!

Trockenfutter
Packung 10 kg nur 8 €!

☐ a ☐ b ☐ c

5 Wie oft ungefähr passt ein gewöhnlicher Klassenraum auf ein Fußballfeld? Begründe deine Angabe.

☐ ca. 10-mal ☐ ca. 50-mal ☐ ca. 100-mal ☐ ca. 200-mal ☐ ca. 1000-mal

☐ a ☐ b ☐ c

6

Bahnhof/Haltestelle	Zeit		Gleis	Produkte
Frankfurt (Main) Hbf	ab	14:45	6	ICE 1520
Frankfurt (M) Flughafen	an	14:57	Fern 7	
Frankfurt (M) Flughafen	ab	15:09	Fern 6	ICE 518
Köln Hbf	an	16:05	5	

Bahnhof/Haltestelle	Zeit		Gleis	Produkte
Frankfurt (Main) Hbf	ab	14:45	6	ICE 1520
Mainz Hbf	an	15:16	2 a/b	
Mainz Hbf	ab	15:20	3 a/b	EC 102
Köln Hbf	an	17:05	5	

Berechne die Reise- und Fahrzeiten der Verbindungen.

☐ a ☐ b ☐ c

7 Wie viele Minuten und Sekunden fehlen noch bis 13:10 Uhr,

a. wenn es 12:54 Uhr ist?

b. wenn es 9:34 Uhr und 17 Sekunden ist?

c. wenn es 21:53 Uhr am Abend zuvor ist?

☐ a ☐ b ☐ c

8 Es wurde gerundet – auf welche Stelle?

a. 24 ≈ 20 **b.** 22 765 ≈ 22 800 **c.** 19 899 ≈ 20 000

☐ a ☐ b ☐ c

9 Erkläre, warum es keinen Sinn macht, die Einwohnerzahl einer Großstadt auf Zehner zu runden.

☐ a ☐ b ☐ c

10 Rechne in eine sinnvolle Einheit um.

a. 456 700 g **b.** 980 000 m **c.** 76 000 ml **d.** 0,06 km

☐ a ☐ b ☐ c

11 Schreibe mit Komma.

a. 3 Meter 56 Zentimeter **b.** 17 Euro 3 Cent **c.** 1 Liter 20 Milliliter **d.** 22 Tonnen 8 Kilogramm

☐ a ☐ b ☐ c

12 Berechne.

a. 13 kg 14 g + 956 g **b.** 76 hl + 250 l **c.** 12,56 € – 98 ct

d. 44,5 m – 89 cm **e.** 67,8 kg + 1200 g + 2,76 kg **f.** 2,4 l – 22 cl – 940 ml

☐ a ☐ b ☐ c

16 Brüche im Alltag

1 Wenn die Krüge gefüllt sind, fassen sie jeweils genau einen Liter.

a. Wie viel Liter Flüssigkeit sind in jedem Krug?

b. Gib für jeden Krug an, wie viel Liter Flüssigkeit bis zu einem ganzen Liter noch fehlt.

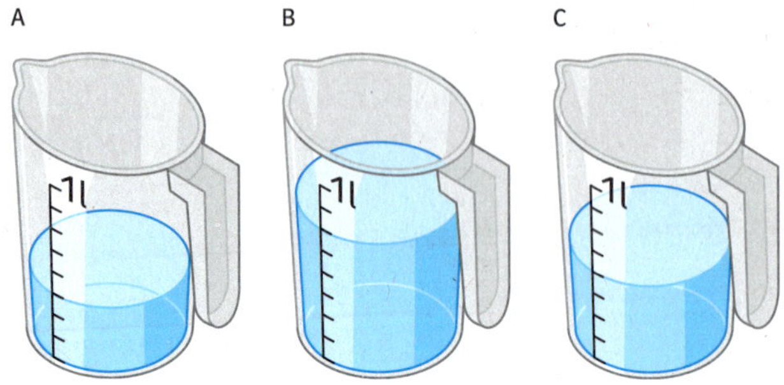

2

a. Julia erhält $\frac{1}{3}$ von der rechts gezeichneten Tafel Schokolade und Johannes erhält $\frac{1}{4}$ von der Tafel Schokolade. Schraffiere mit zwei verschiedenen Farben, was Julia erhält und was Johannes erhält.

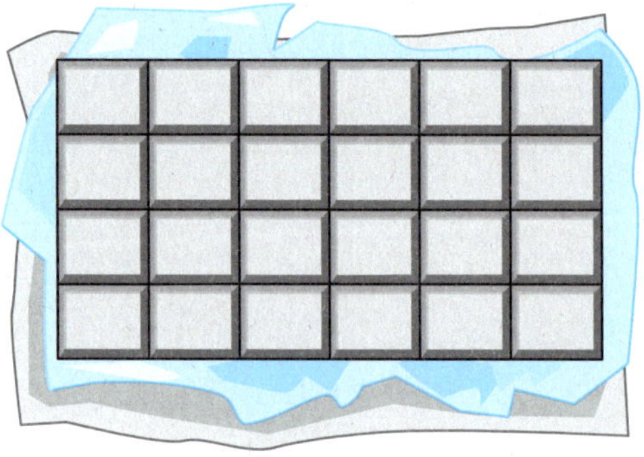

Deine Farbe für Julia ist: ______

Deine Farbe für Johannes ist: ______

b. Martin bricht von der Tafel Schokolade den farbig gekennzeichneten Teil ab.
Welcher Bruchteil der Tafel Schokolade ist das?

3 Aus den quaderförmigen Körpern werden die gefärbten Teile herausgeschnitten. Gib den Bruchteil des herausgeschnittenen Teiles an.

a.

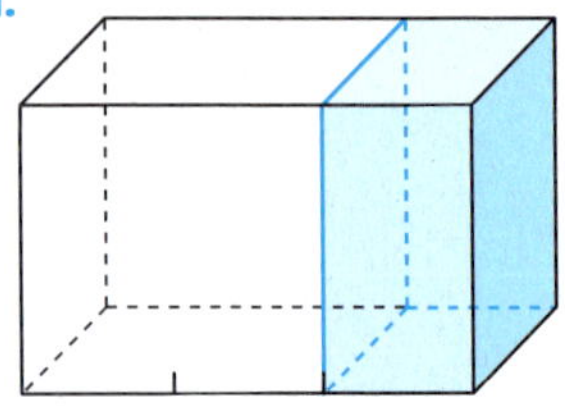

b.

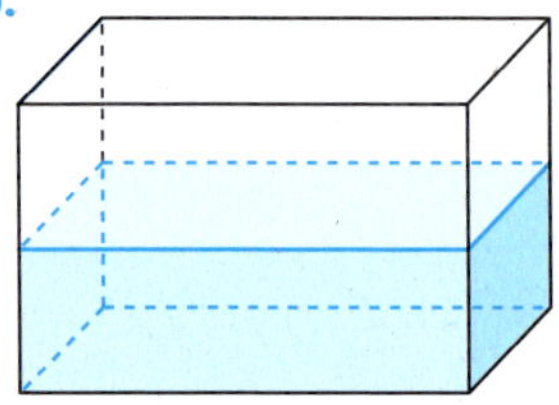

c.

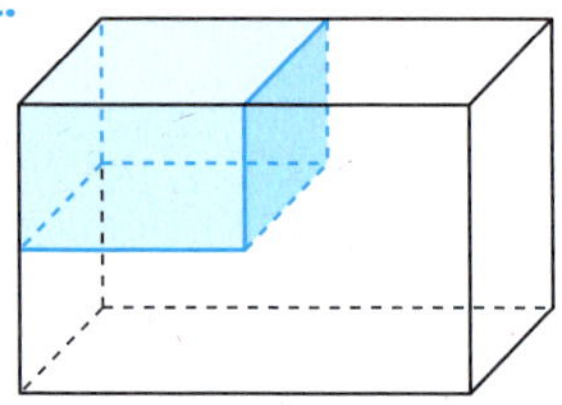

d.

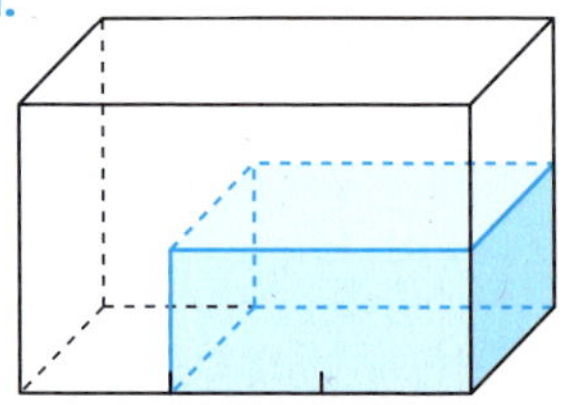

18 Bruchteile erkennen und darstellen

1 Welche Bruchteile sind blau?

a. **b.** **c.**

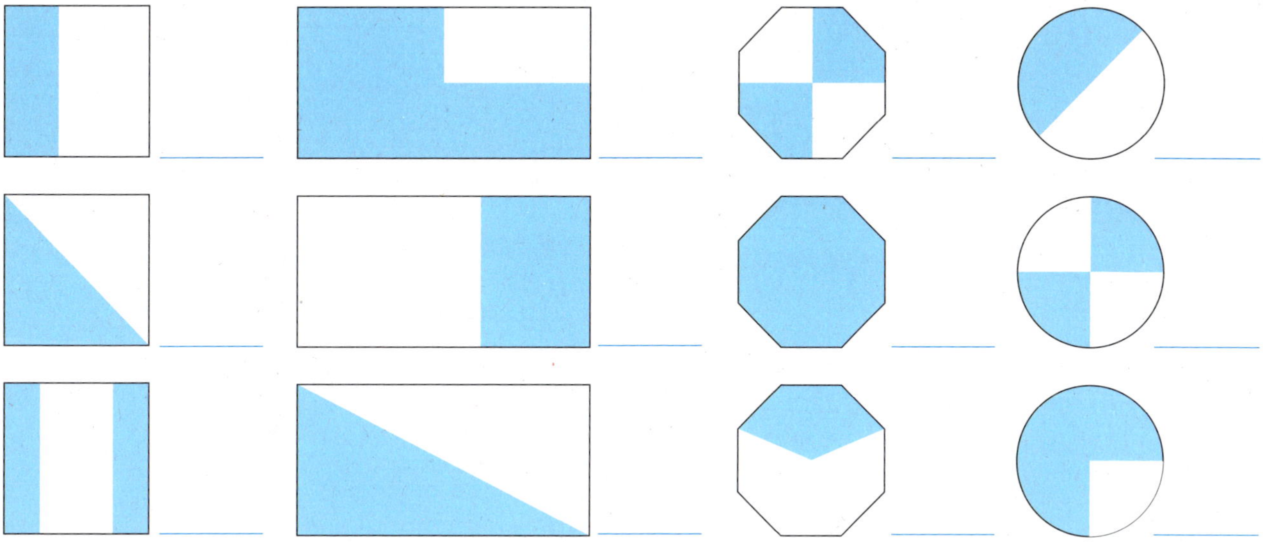

2 Welche Bruchteile sind blau?

a. **b.** **c.**

3

a. Gib an, welcher Bruchteil von den ersten beiden Figuren gefärbt ist und begründe deine Lösung.

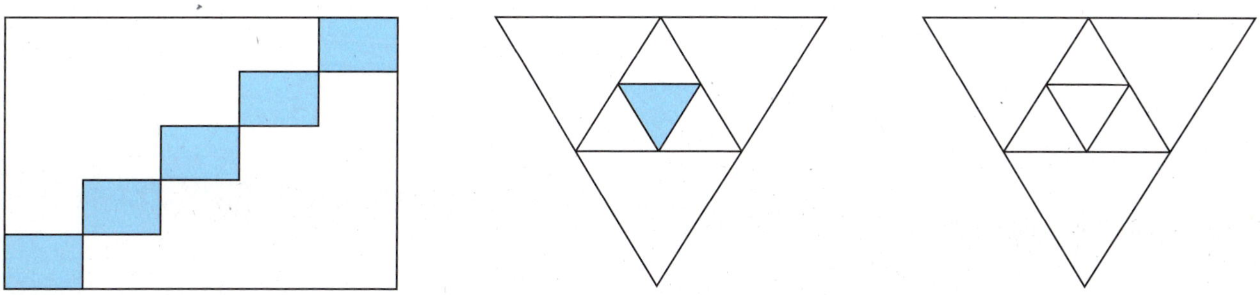

b. Stelle in der dritten Figur den Bruch $\frac{1}{4}$ bildlich dar. Gibt es noch eine andere Möglichkeit? Stelle sie mit einer anderen Farbe dar.

18 Bruchteile darstellen und erkennen

4 Wie könnte das Ganze aussehen? Zeichne eine Möglichkeit.

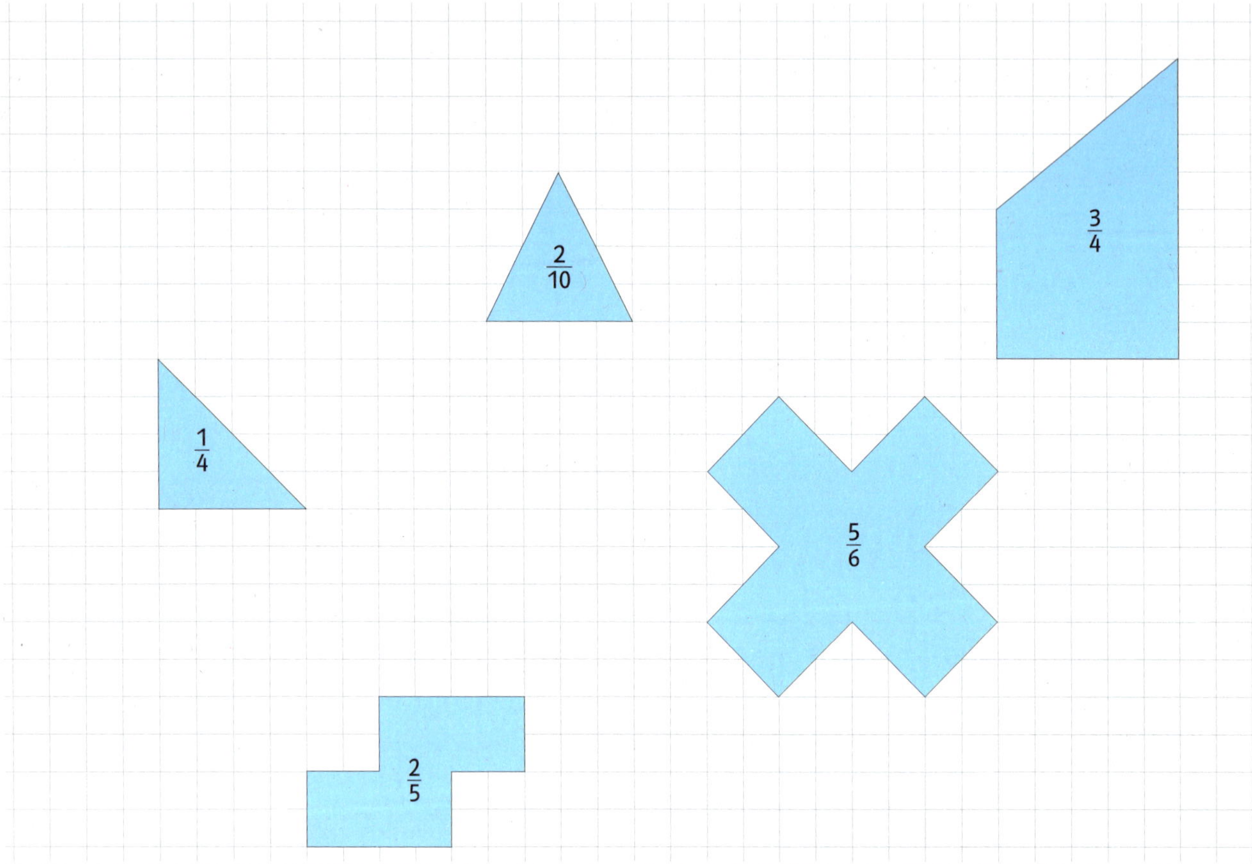

5

a. Welcher Bruchteil ist gefärbt?
Begründe sorgfältig.

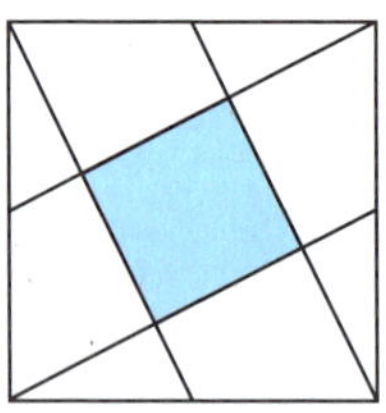

b. Johannes hat eine Lösung mithilfe eines Quadratgitters gefunden. Wie ist er auf seine Lösung gekommen?

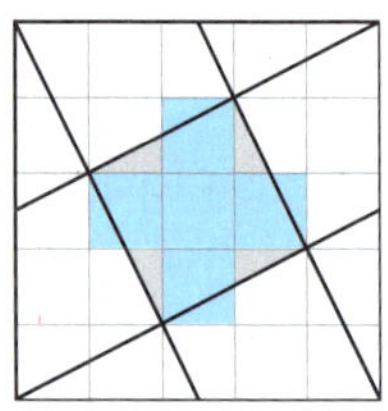

6 Corinna behauptet, dass der Bruchteil der eingefärbten Fläche genau $\frac{1}{2}$ beträgt. Hat sie Recht?
Vielleicht hilft dir bei deiner Untersuchung das rechte Quadratgitter.

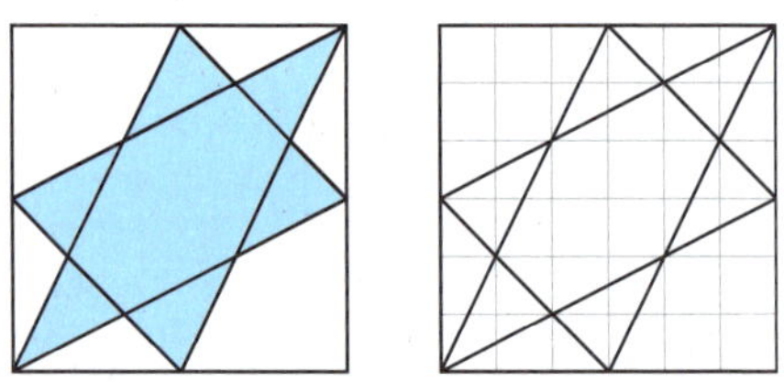

7 Für Tüftler:
Welche Bruchzahl stellt die gefärbte Fläche dar?

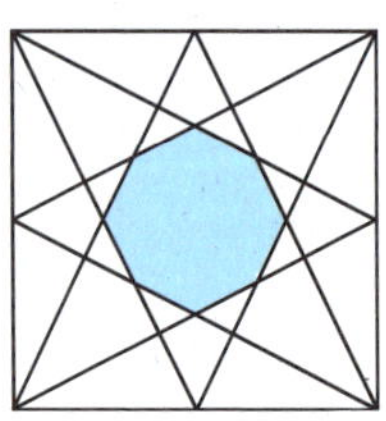

19 Bruchteile der Kreisfläche

1 Bestimme mit der Zeichenuhr die Größe der einzelnen Bruchteile.

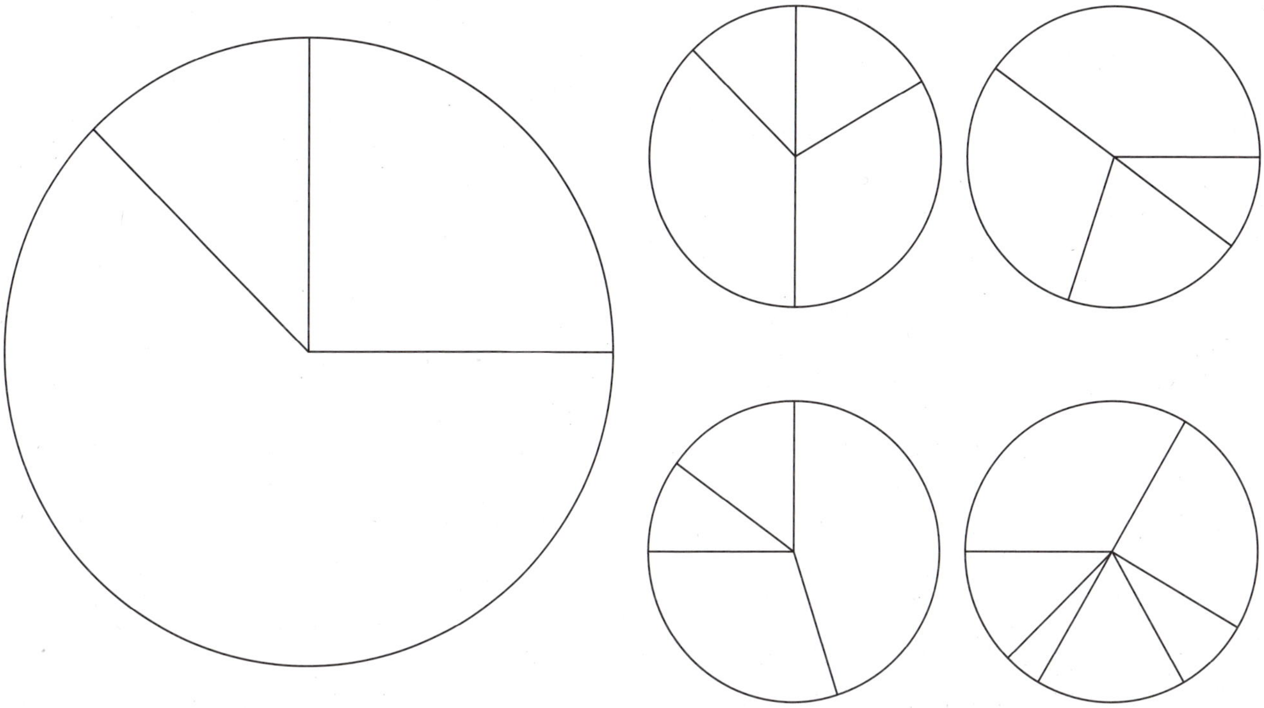

2 Jede Figur stellt ein Ganzes dar. Welcher Bruchteil der ganzen Figur ist blau markiert?

a.

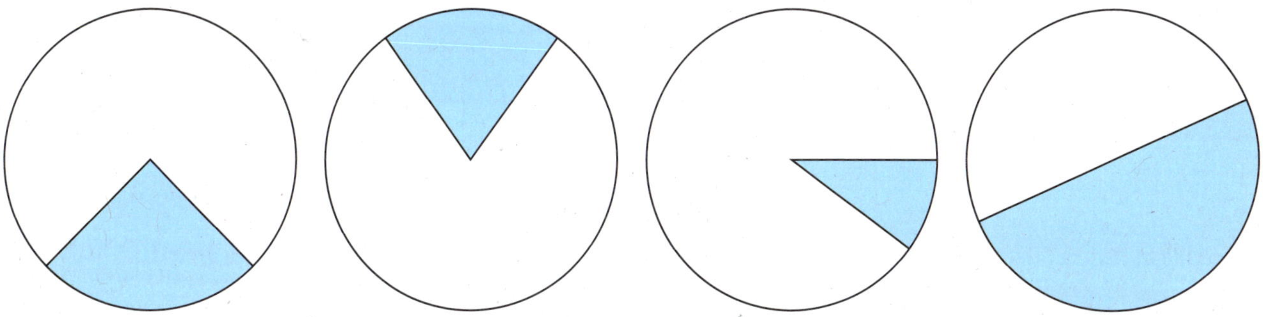

b.

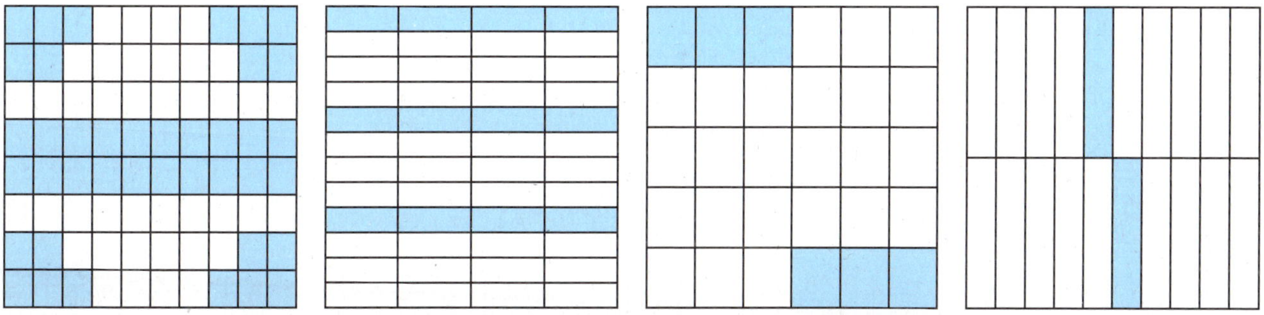

c.

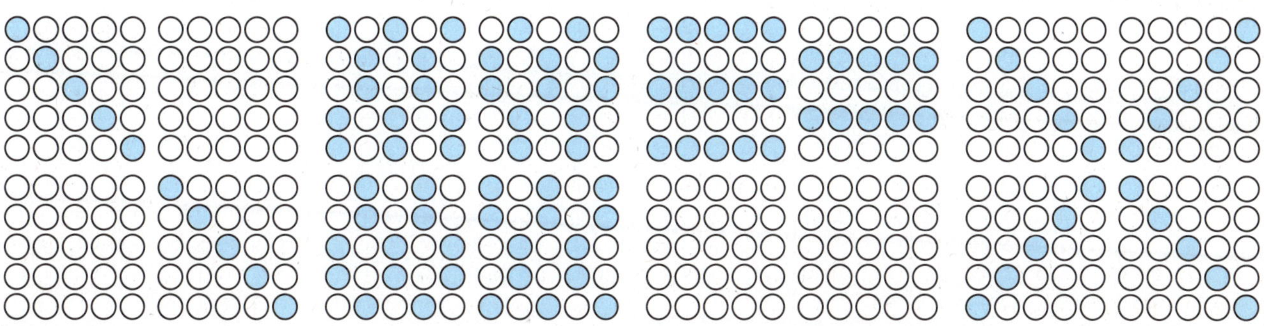

3 Stelle die angegebenen Brüche bildlilch dar.

$\frac{2}{3}$

$\frac{3}{4}$

$\frac{4}{5}$

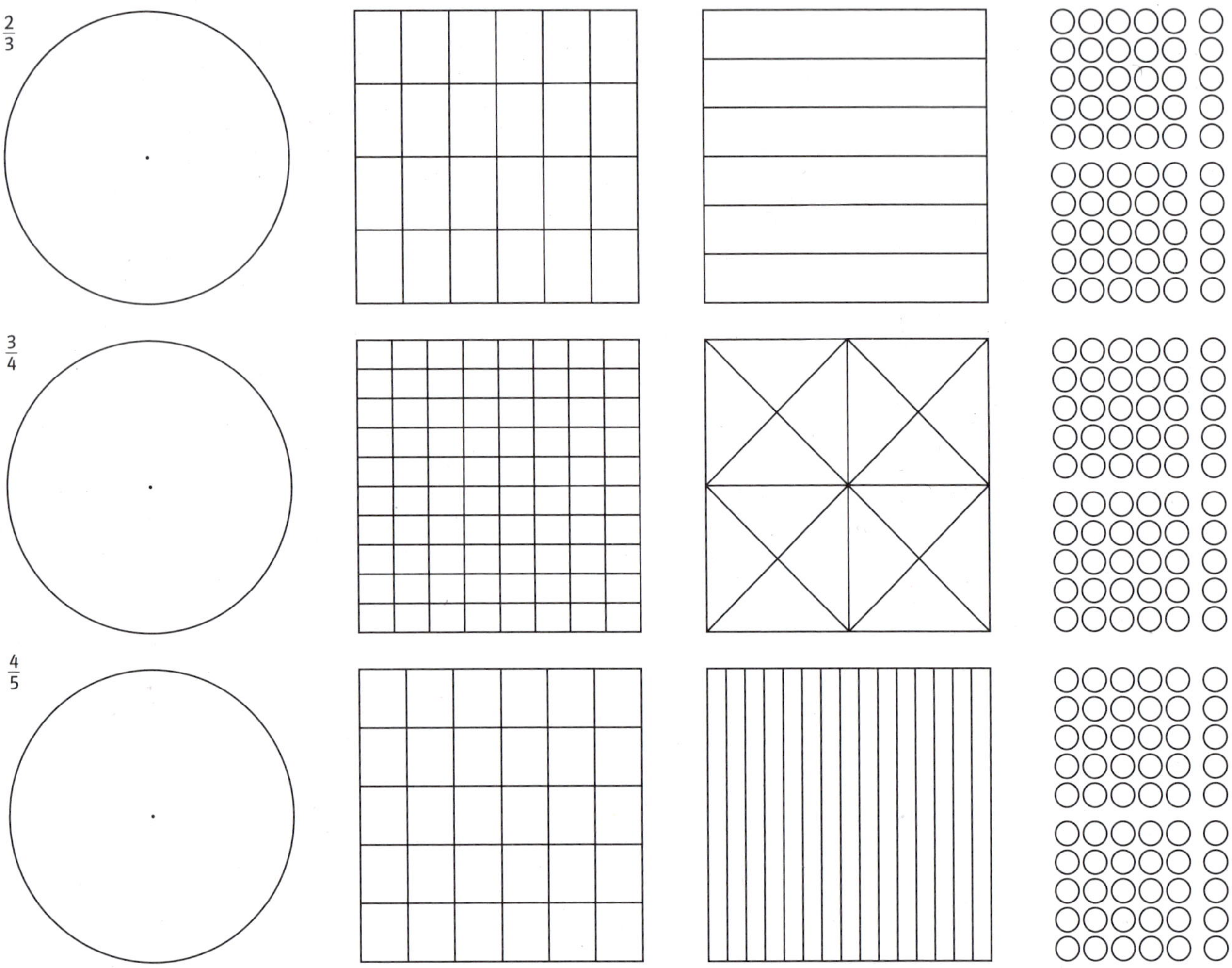

4 Stelle in den Hunderterquadraten verschiedene Bruchteile dar.

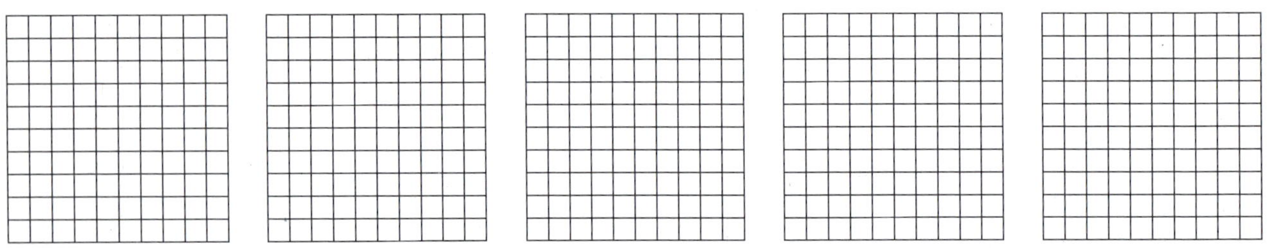

$\frac{1}{100}$ $\frac{1}{50}$ $\frac{1}{20}$ $\frac{1}{10}$ $\frac{1}{5}$

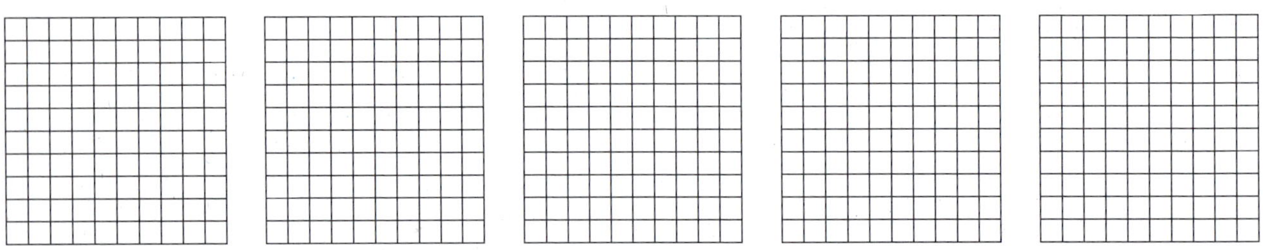

$\frac{3}{4}$ $\frac{3}{5}$ $\frac{6}{10}$ $\frac{12}{20}$ $\frac{1}{3}$

5 Stelle die Bruchteile dar.

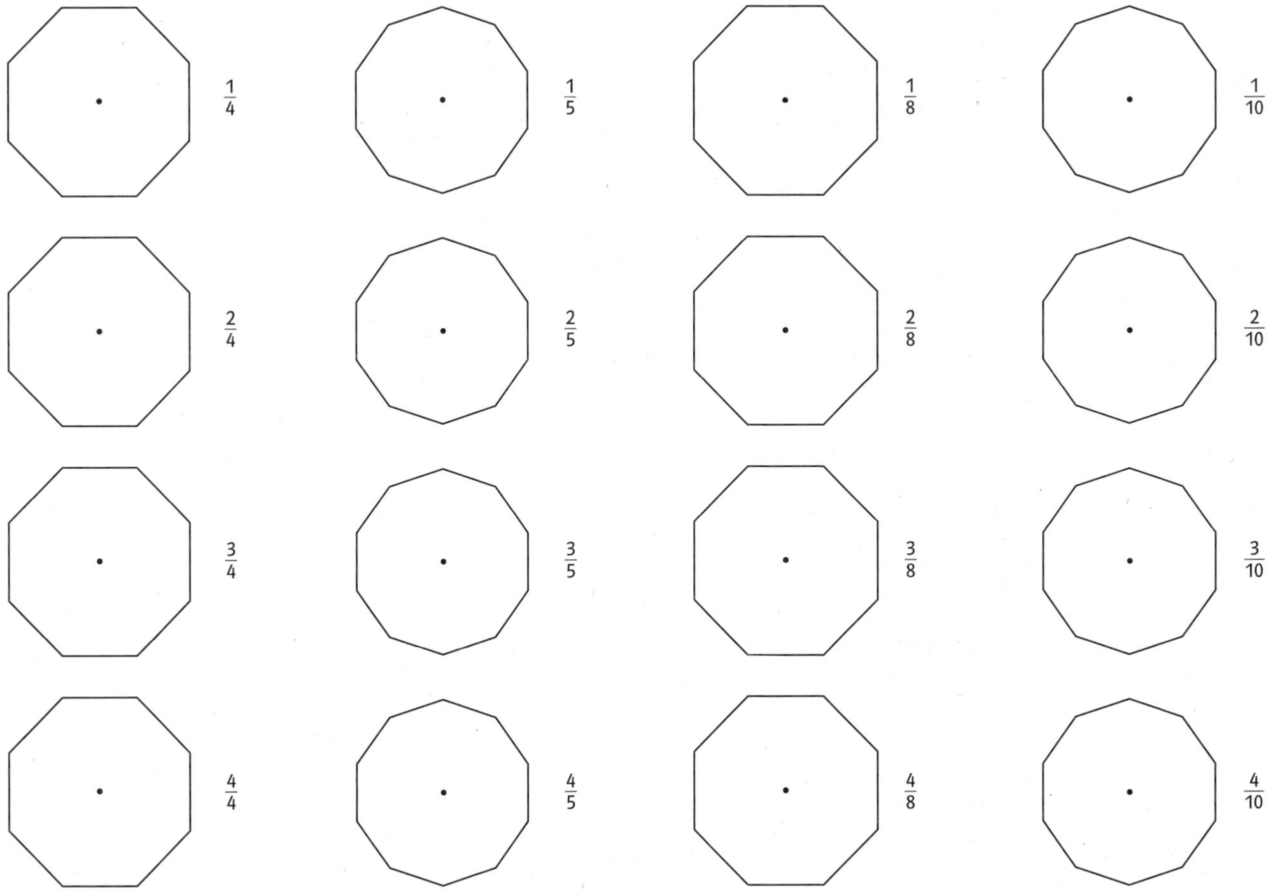

6 Stelle die Bruchteile dar.

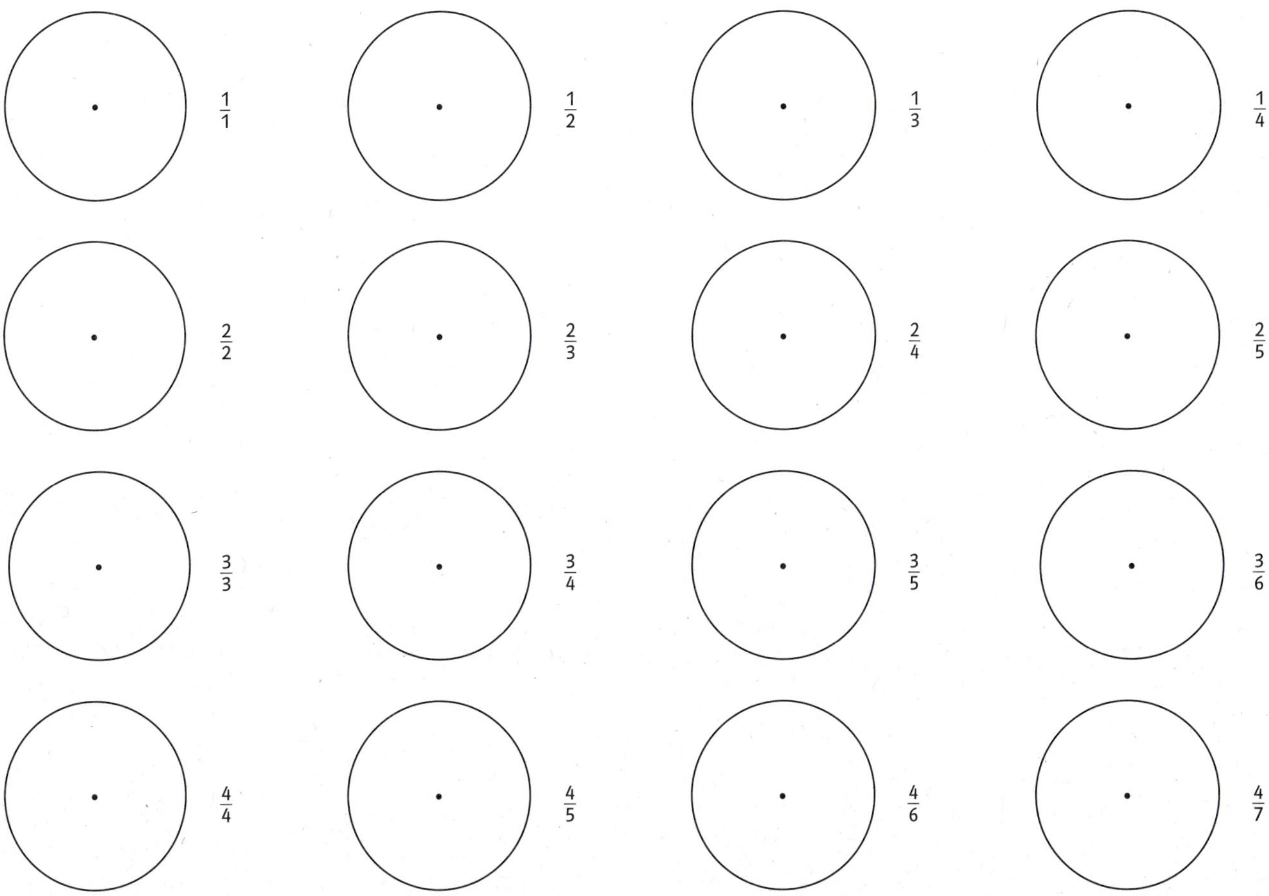

20 Flächen

1 Zeichne ein Quadrat mit einer Seitenlänge von 1 dm = 10 cm. Zerschneide es in vier Teile wie hier angegeben. Lege die Figuren und zeichne die Teile ein.

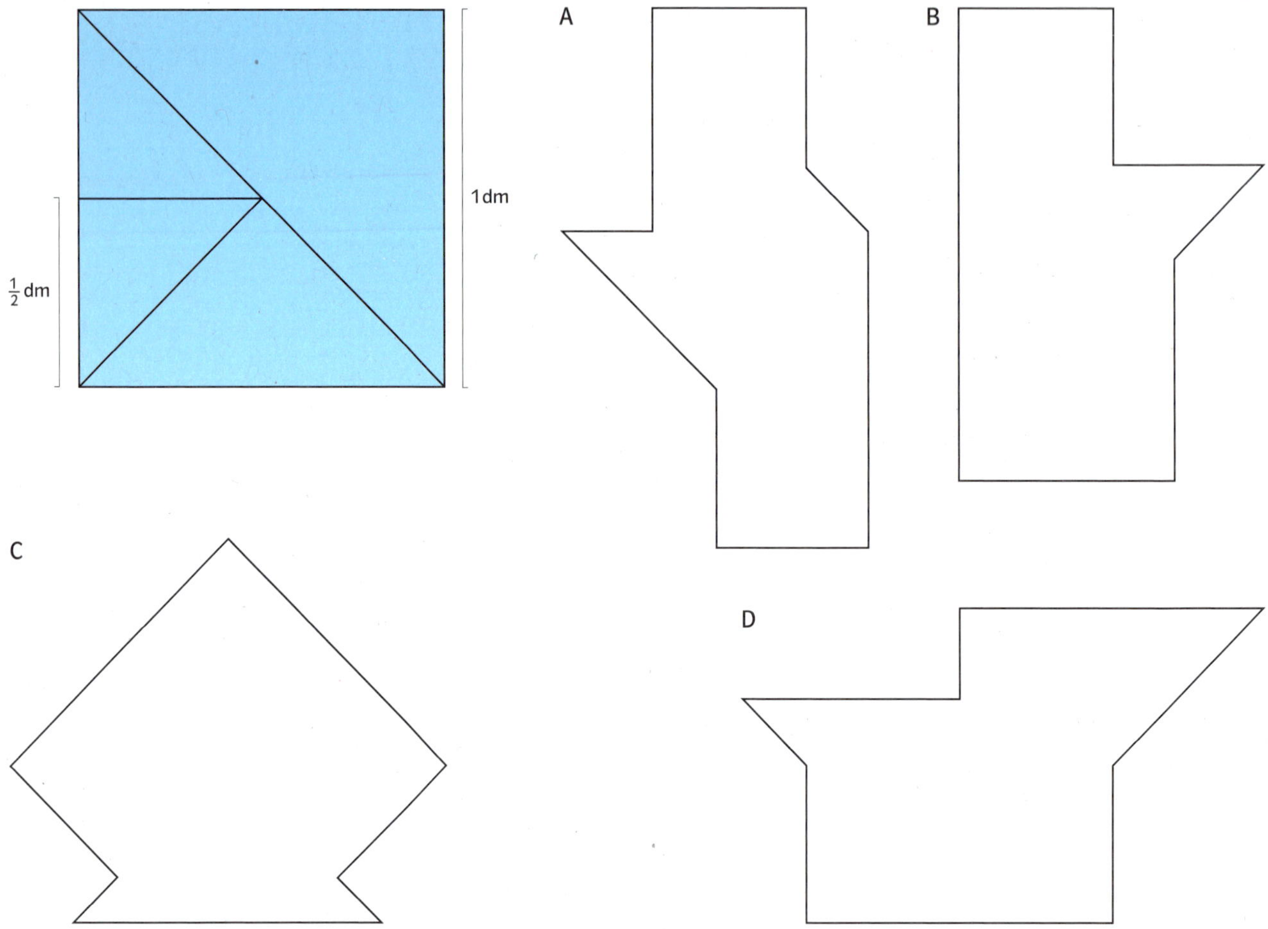

2 Bestimme bei diesen Figuren die Flächen in cm^2 und in mm^2.

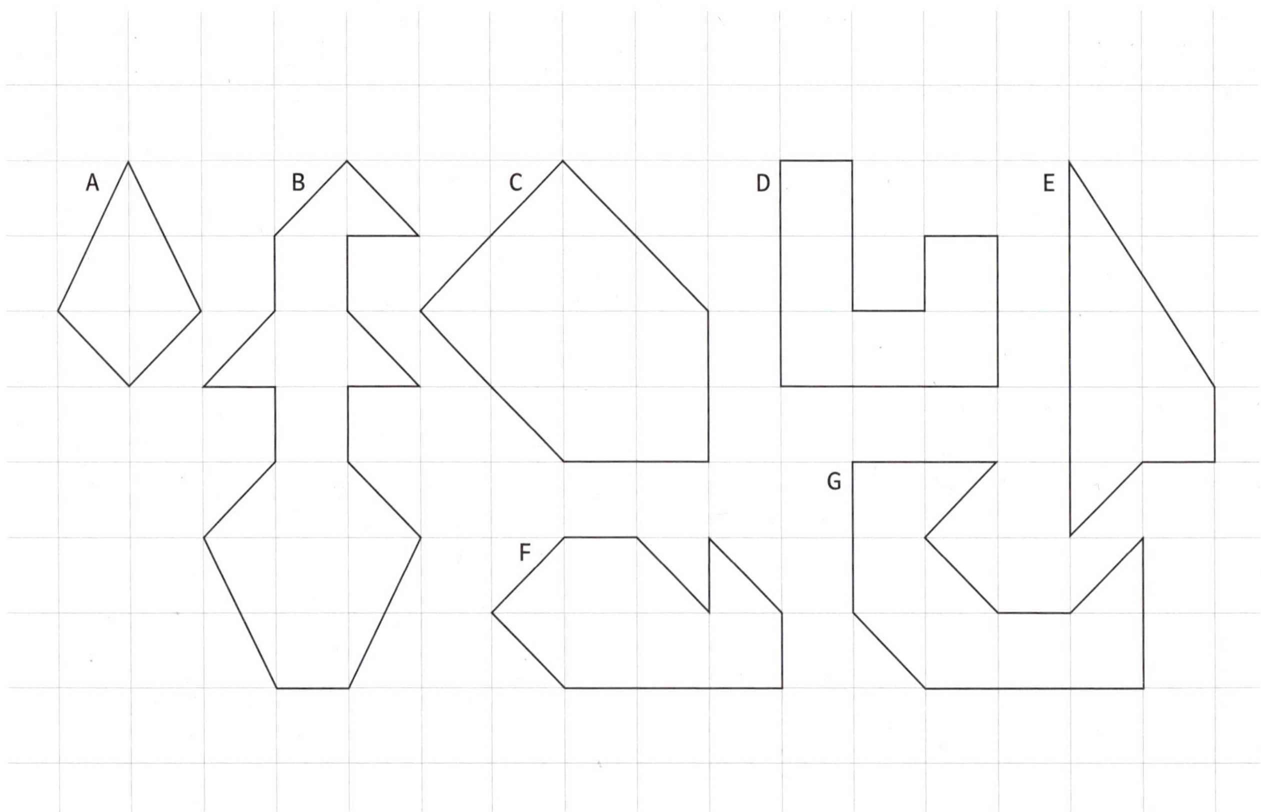

3 Wie viele m^2 groß sind die hier skizzierten Flächen in Wirklichkeit?

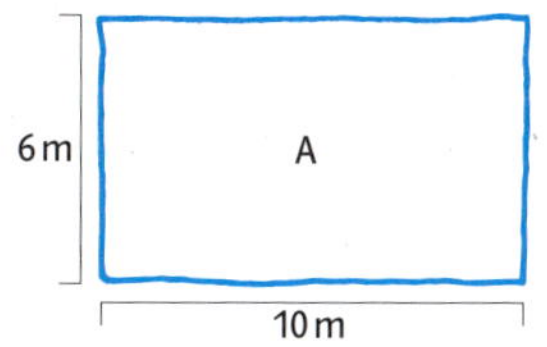

Fläche = ______

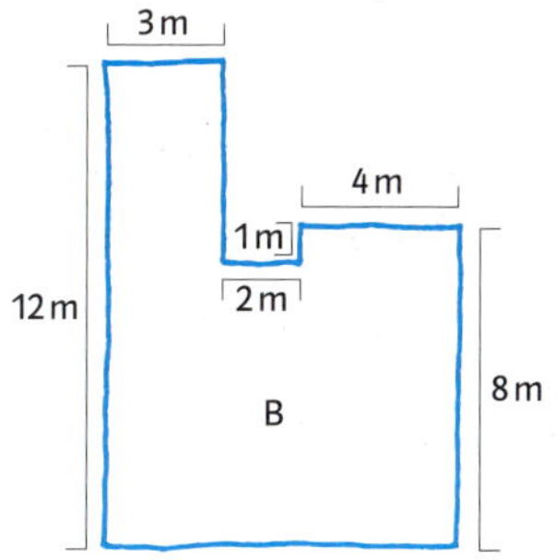

Fläche = ______

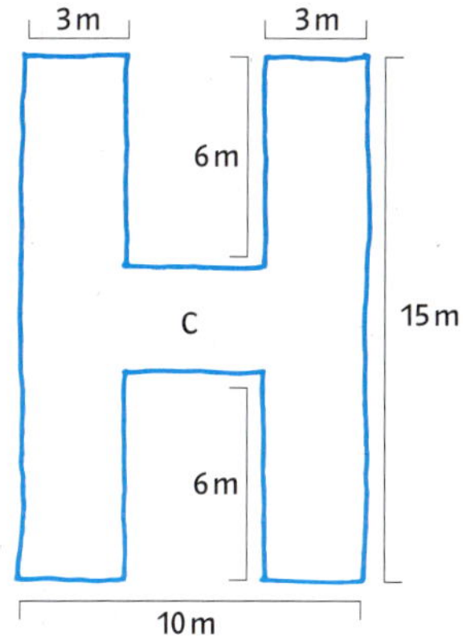

Fläche = ______

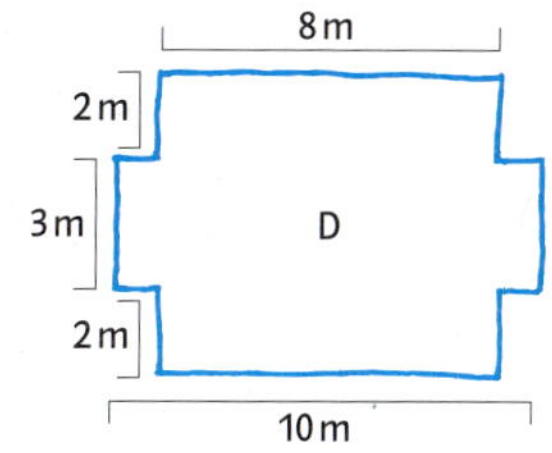

Fläche = ______

4 Wie viele cm^2 groß sind diese Flächen ungefähr?

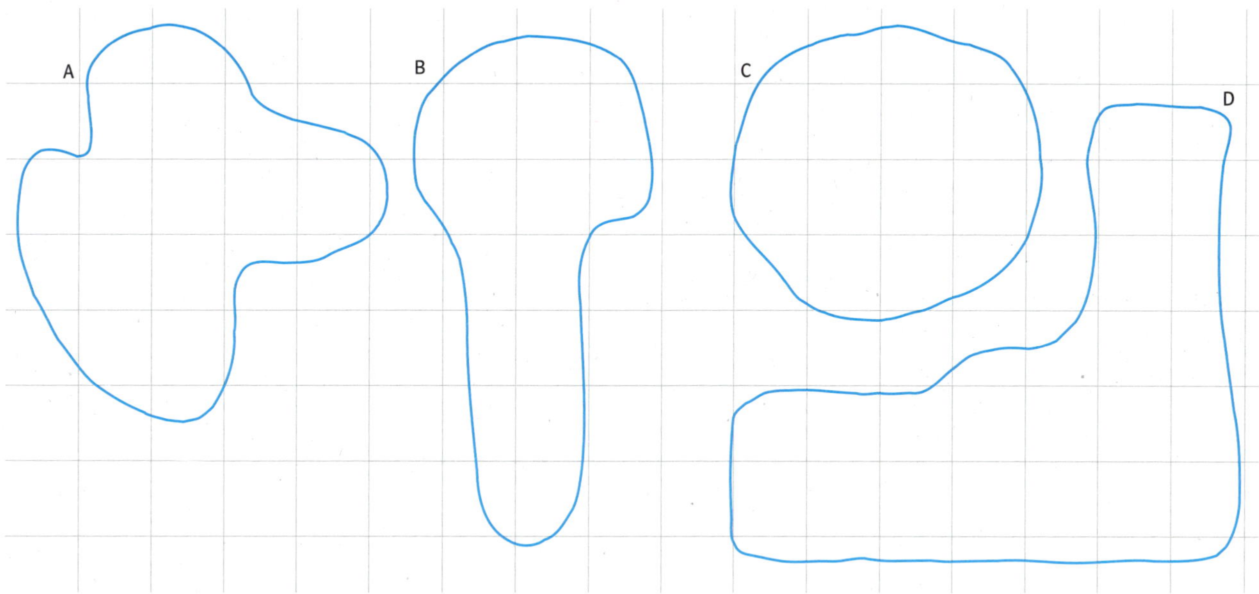

5 Wie viele cm^2 groß sind diese Flächen ungefähr?

a.

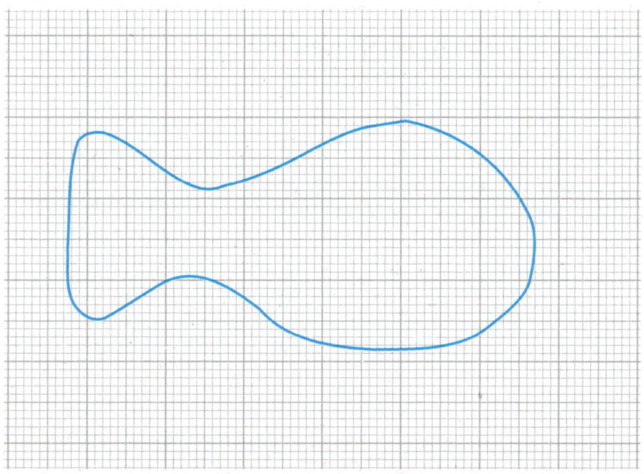

b.

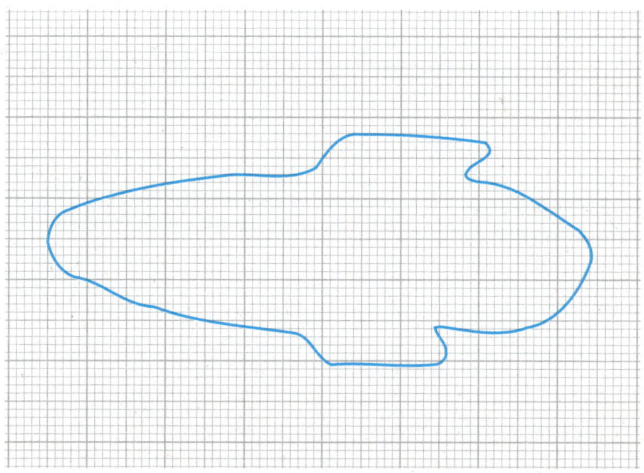

21 Künstler konstruieren

1

a. Welche Gesetzmäßigkeiten kannst du bei diesem angefangenen Kunstwerk erkennen?

b. Konstruiere aus dem vorgegebenen Quadrat eine Postkartenvorlage, in der sich waagerecht das Muster dreimal und senkrecht das Muster zweimal wiederholt.

c. Wie bist du bei der Konstruktion vorgegangen? Beschreibe dein Vorgehen mit eigenen Worten. Stelle dir dabei vor, einem Mitschüler am Telefon das Bild erklären zu wollen.

d. Färbe die Vorlage nach einer von dir gewählten Gesetzmäßigkeit.

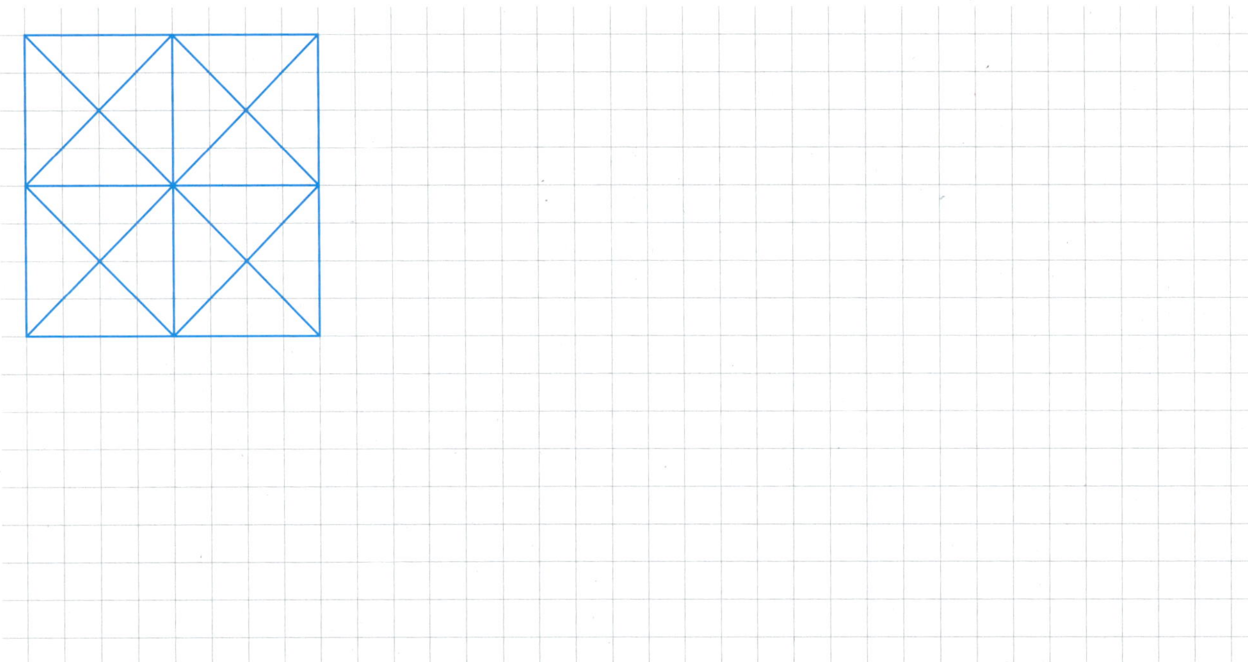

2 Übertrage die Aufgabe 1a. bis d. auf das folgende angefangene Kunstwerk.

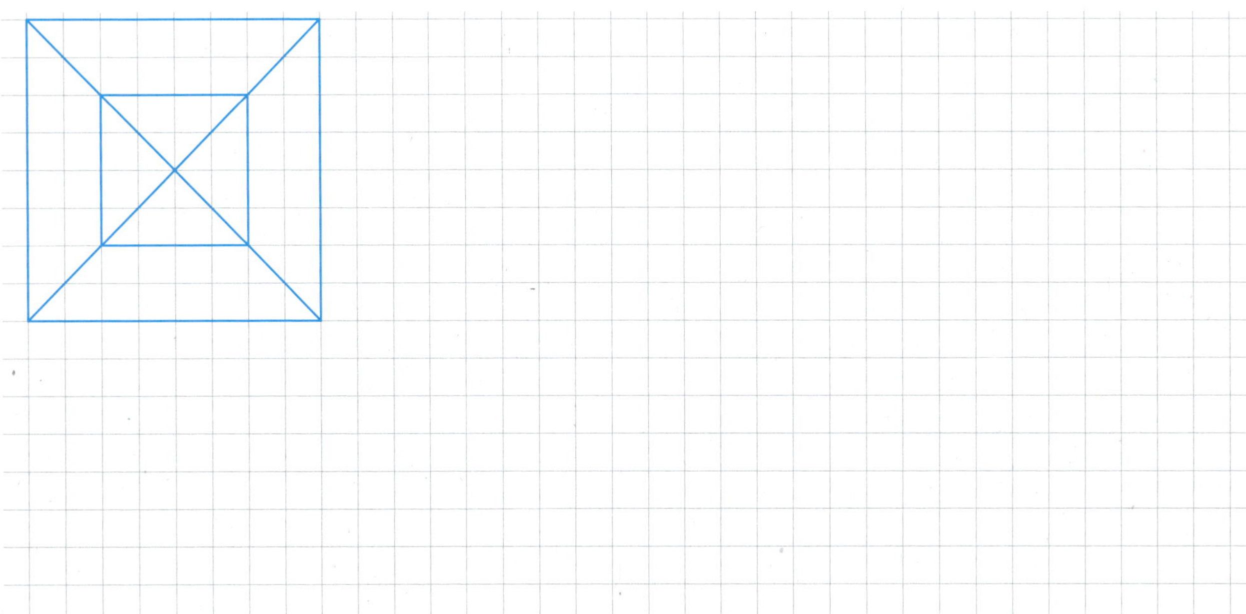

3 Anweisungen zur Konstruktion eines angefangenen Kunstwerkes:

a. Zeichne ein Quadrat mit der Seitenlänge 4 cm auf das Karogitter.

b. Zeichne nun die beiden Diagonalen in dieses Quadrat ein.

c. Zeichne zu jeder der vier Quadratseiten eine Parallele im Abstand von 1 cm in das Quadrat hinein.

4 Quadratschnecke

a. Rechts unten siehst du das Muster 5A aus Lernumgebung 21. Zeichne weiter.

b. Kannst du durch geschicktes Einfärben die Quadratschnecke rechts erzeugen? Wähle dazu zwei beliebige Farben aus.

c. Was geschieht, wenn du das Muster weiter fortsetzt?

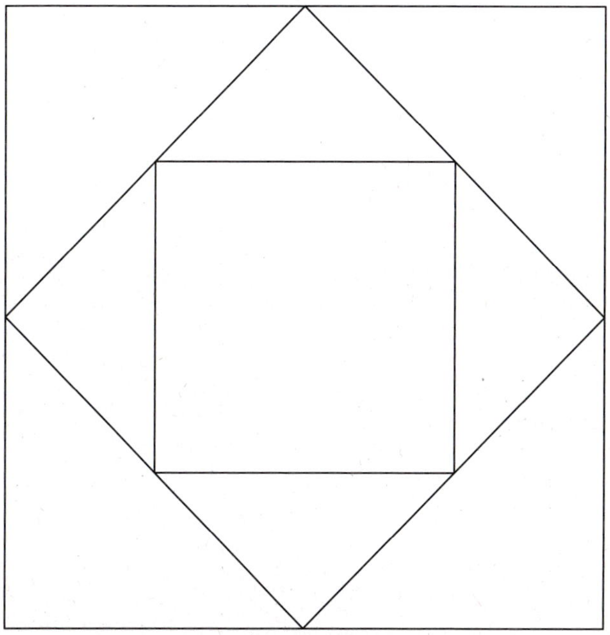

22 Zirkel und Geodreieck

1 Nimm ein weißes Blatt. Zeichne so genau wie möglich.
Zeichne einen Kreis. Markiere auf der Kreislinie mit der Zeichenuhr acht Punkte in regelmäßigen Abständen.

a. Zeichne von jedem Punkt aus einen Kreis. Der Radius ist immer gleich, jedoch kleiner als beim ursprünglichen Kreis.

b. Zeichne von jedem Punkt aus einen Kreis. Der Radius ist immer gleich groß wie beim ursprünglichen Kreis.

c. Zeichne von jedem Punkt aus einen Kreis. Der Radius ist immer gleich, jedoch größer als beim ursprünglichen Kreis.

Variante 1: Zeichne bei den Teilaufgaben a. bis c. nur denjenigen Teil der Kreise, der ganz im Inneren des ursprünglichen Kreises liegt.

Variante 2: Zeichne den ursprünglichen Kreis in ein Quadrat hinein. Zeichne dann bei den Teilaufgaben a. bis c. nur denjenigen Teil der Kreise, der ganz im Inneren des Quadrates liegt.

---

2 Zeichne weitere, immer kleiner werdende Quadrate und Kreise. Male Teile des Musters aus.

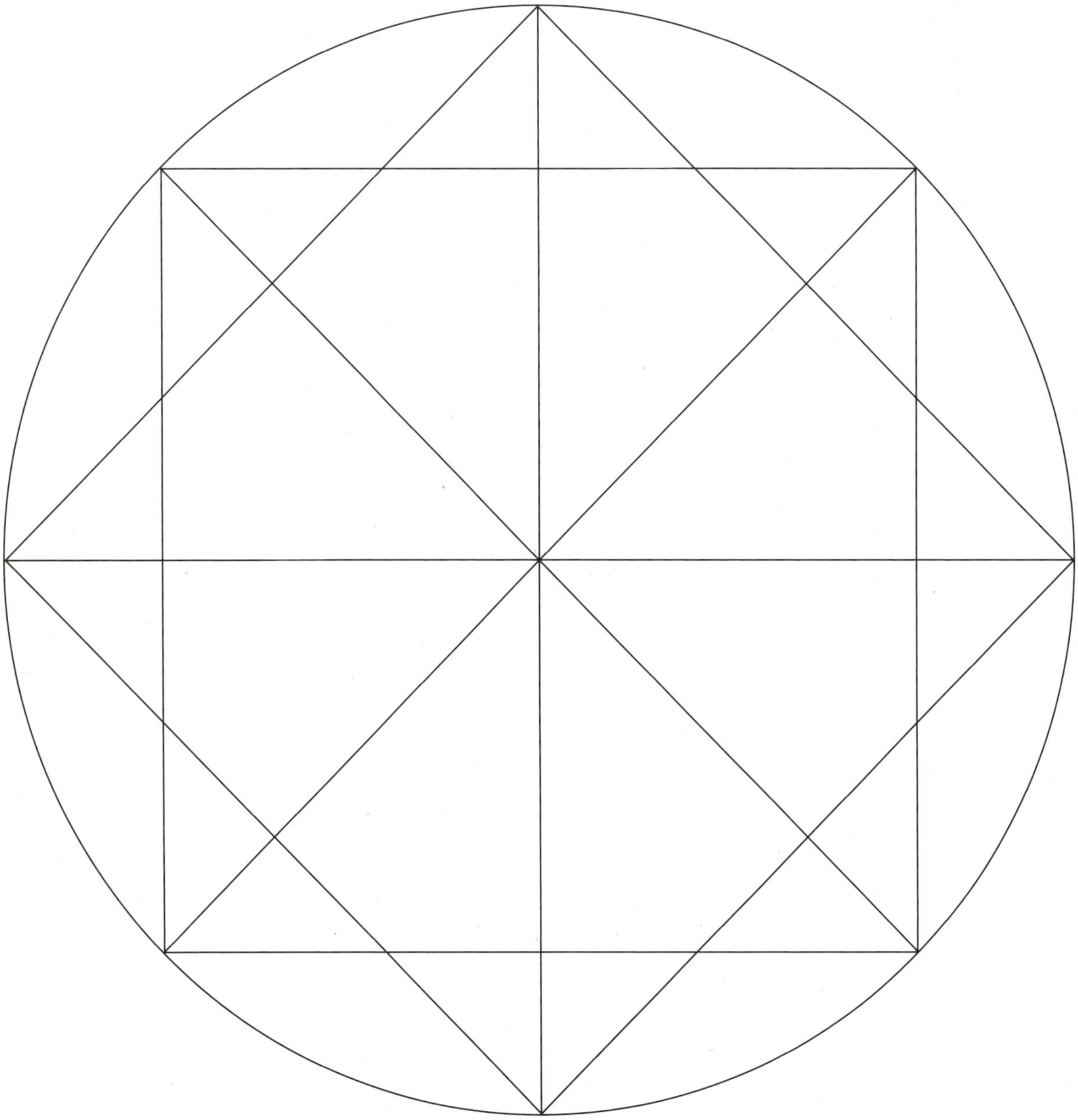

23 Bäume wachsen nicht in den Himmel

1 Runde auf Zehner, Hunderter, Tausender.

Zahl	765 432	76 543	7654	765	76	7
Zehner						
Hunderter						
Tausender						

2 Runde auf Zehner, Hunderter, Tausender.

Zahl	234 567	23 456	2345	234	23	2
Zehner						
Hunderter						
Tausender						

3 Der Förster misst im Wald mit seinem Försterdreieck die Höhe der Eschen: 41 m, 33 m, 35 m, 39 m, 29 m, 42 m, 24 m, 36 m und 31 m.

a. Trage die auf Zehner gerundeten Werte in die Häufigkeitstabelle ein.

Höhe in Meter	10	20	30	40
Anzahl				

b. Der Förster soll dem Forstamt die durchschnittliche Höhe der Eschen mitteilen. Er überlegt, ob er die gemessenen oder die gerundeten Werte nehmen soll.

4 Recherchiere die Höhen des Eiffelturms, der großen Pyramide von Giseh und des Taipeh Towers 101. Zeichne diese Objekte im Maßstab 1 : 5000 ein.

Eiffelturm | Große Pyramide von Giseh | Taipeh Tower 101

T3 Teste dich selbst

- Löse den Test, wenn du im Arbeitsheft die Seiten 44 – 55 bearbeitet hast.
- Nimm, wenn nötig, ein zusätzliches Blatt.
- Kreuze nach jeder Aufgabe an, wie es dir ergangen ist.
- Wenn du mit dem Test fertig bist, kannst du deine Ergebnisse mit den Lösungen auf Seite 92|93 vergleichen.
- Trifft zu, was du angekreuzt hast?

a Da bin ich sicher. Das kann ich.
b Da bin ich unsicher. Das werde ich weiter üben.
c Das kann ich nicht. Hier brauche ich Hilfe.

1 Welche Bruchteile sind gefärbt?

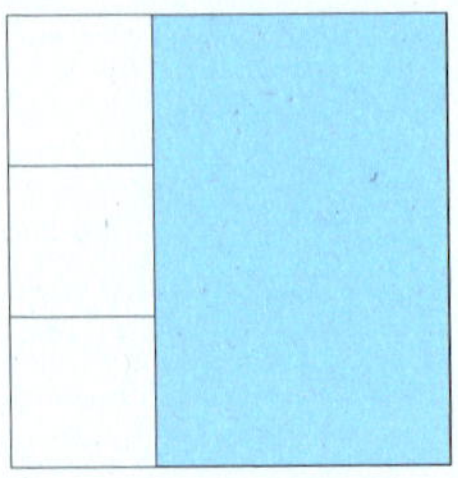 ______

 ______

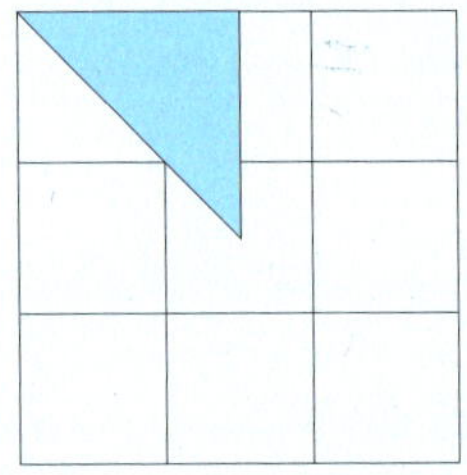 ______

☐ a ☐ b ☐ c

2 Zeichne ein Ganzes.

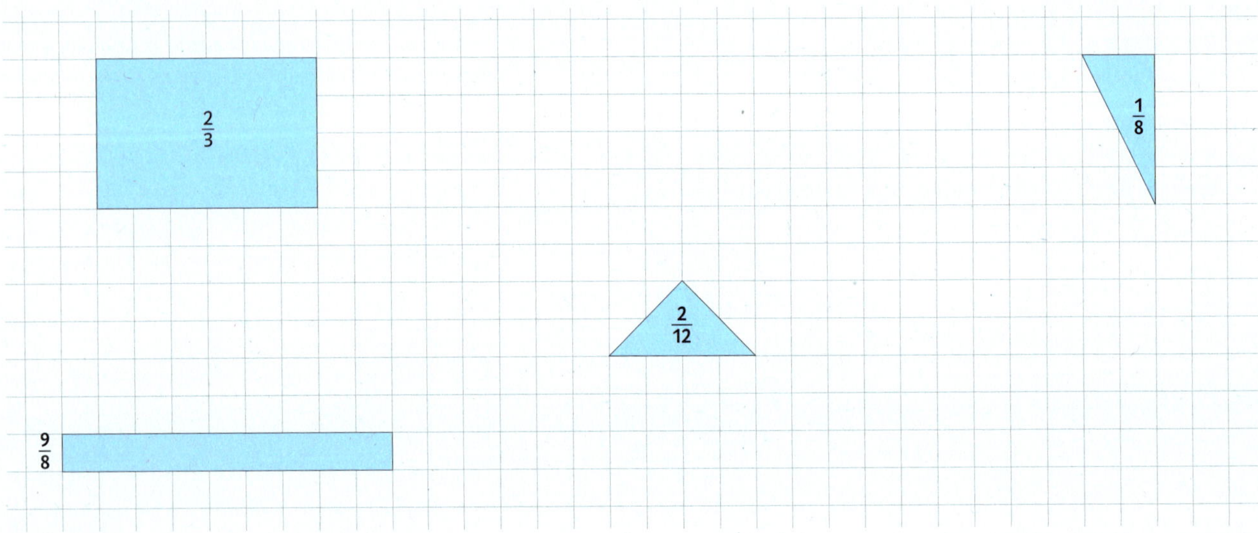

☐ a ☐ b ☐ c

3 Stelle die angegebenen Brüche bildlich dar.

$\frac{3}{8}$

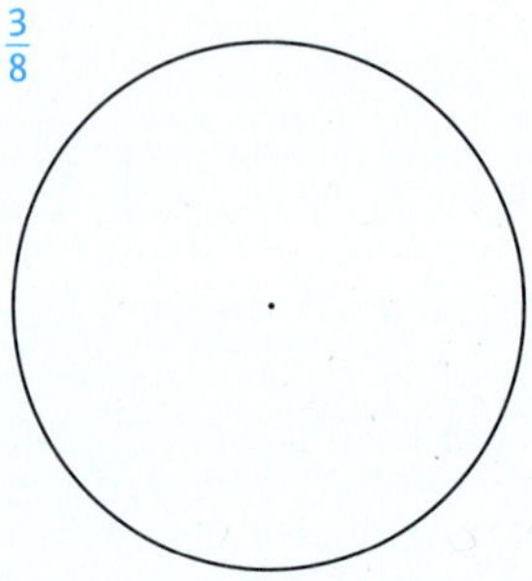

$\frac{3}{5}$

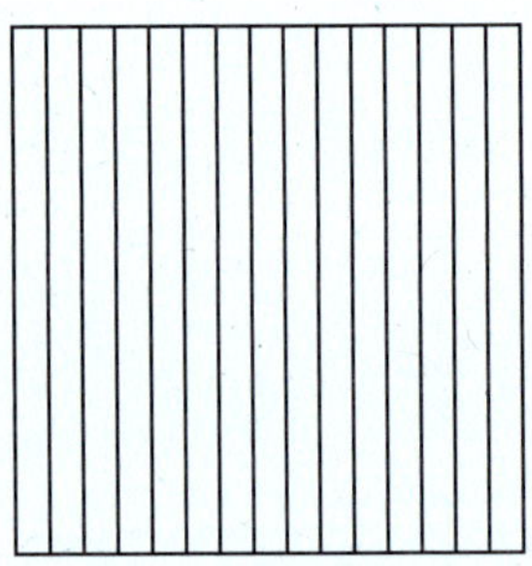

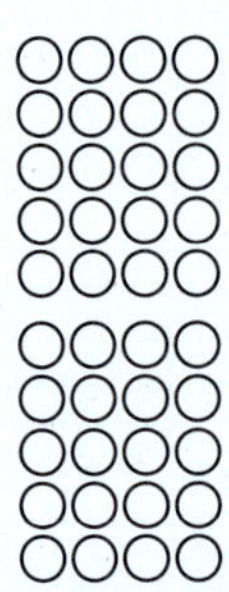

☐ a ☐ b ☐ c

4

a. Welche Gesetzmäßigkeiten kannst du bei diesem angefangenen Kunstwerk erkennen?

b. Konstruiere aus dem vorgegebenen Quadrat eine Postkartenvorlage, in der sich waagerecht das Muster dreimal und senkrecht das Muster zweimal wiederholt.

c. Wie bist du bei der Konstruktion vorgegangen? Beschreibe dein Vorgehen mit eigenen Worten. Stelle dir dabei vor, einem Mitschüler am Telefon das Bild erklären zu wollen.

d. Färbe die Vorlage nach einer von dir gewählten Gesetzmäßigkeit ein.

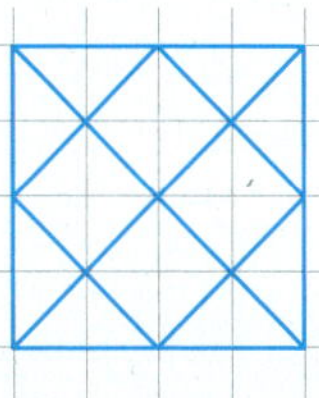

a b c

5 Zeichne die gleiche Figur mit Zirkel und Geodreieck. Der Radius des äußersten Kreises soll 4 cm lang sein.

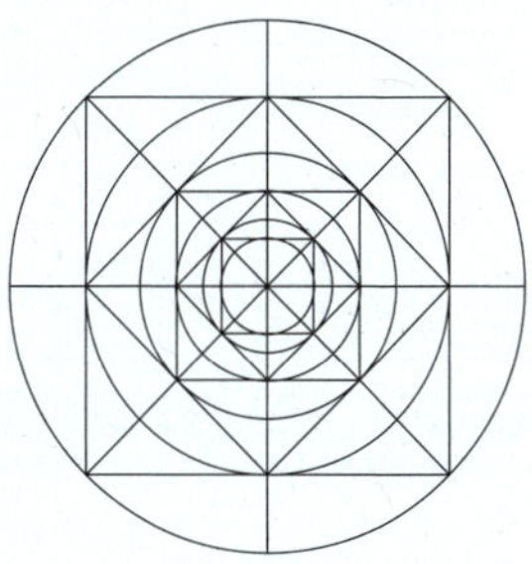

a b c

6 Folgende Größen sollen im Maßstab 1:500 gezeichnet werden. Wie groß werden sie in der Zeichnung.
Die Originalgröße beträgt:

a. 10 m **b.** 0,5 km **c.** 1 dm

Berechne die Originalgröße der im Maßstab 1:2000 gezeichneten Objekte.

d. 3 cm **e.** 0,4 m

a b c

24 Mit dem Schiff zum Meer

1 Der Rhein ist zwar ein sehr langer Fluss, aber noch längst nicht der längste …

a. Runde die Zahlen auf ganze Hunderter.

Amazonas (Südamerika) 6513 km ≈ ______

Donau (Europa) 2850 km ≈ ______

Jangtsekiang (Asien) 5632 km ≈ ______

Mississippi (Nordamerika) 6051 km ≈ ______

Murray (Australien) 2570 km ≈ ______

Nil (Afrika) 6324 km ≈ ______

Rhein (Europa) 1360 km ≈ ______

Wolga (Europa) 3694 km ≈ ______

b. Trage die gerundeten Längen in das Diagramm ein.

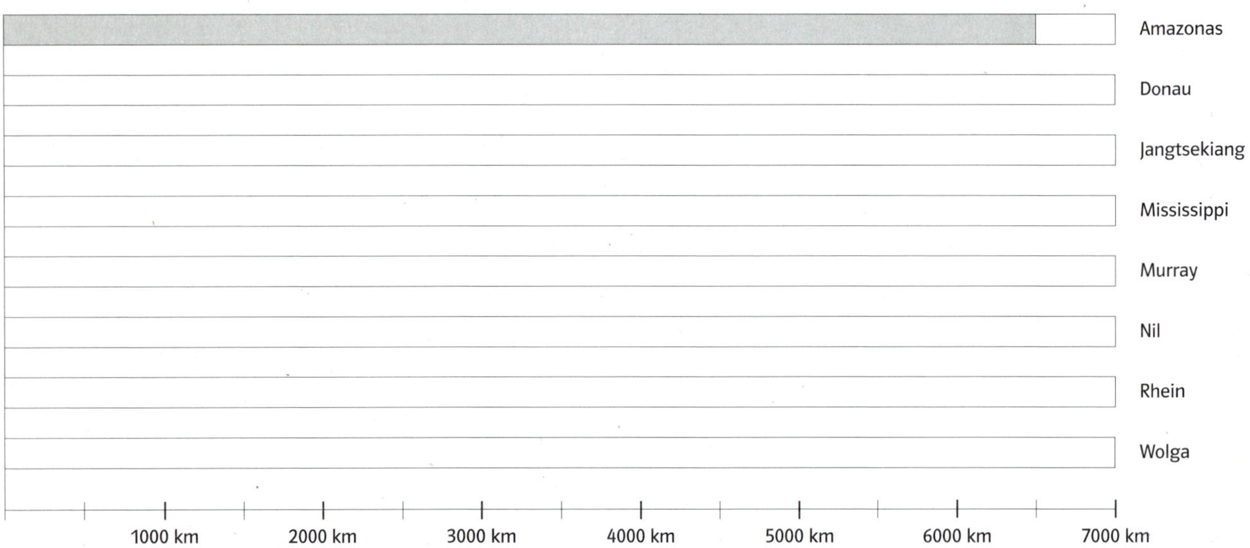

2 Der Hamburger Hafen ist der größte Hafen Deutschlands. Hier siehst du einen Ausschnitt aus der Statistik der Schiffsabfahrten des Hamburger Hafens.

a. Fahrzeugtransporter, Kühlschiffe, Fährschiffe, Schüttgutfrachter, Spezialfrachtschiffe, Stückgutfrachter und Tankschiffe sind hier nur unter „sonstige" zusammengefasst. Ergänze die Anzahlen in der Tabelle.

b. Sortiere die Tabelle nach verschiedenen Merkmalen.

Jahr	1999	2000	2001	2002	2003	2004	2005	2006
Containerschiffe	5311		6065	6158		6870	7186	7560
Fahrgastschiffe	159	75	263	339	227	230	223	209
Kreuzfahrtschiffe	0	0	0		0	0	0	
sonstige		5737	6016	5153	4691		4533	4585
gesamt	11626	11678		11650	11514	11522		12400

26 Kriminalpolizei

1 Ein Autohändler bietet vier Modelle mit verschiedenen Ausstattungen an. Die Ausstattungen können beliebig kombiniert werden.

Modelle	Farben	Motorleistung	Sitzbezüge
Sportwagen	Rot	44 kW (60 PS)	kariert
Cabrio	Blau	55 kW (75 PS)	gestreift
Kombi	Grün	68 kW (92 PS)	braunes Leder
Limousine	Gelb	90 kW (123 PS)	
	Schwarz		
	Orange		

a. Zwischen wie vielen verschiedenen Fahrzeugen kann der Kunde wählen? Beschreibe, wie du vorgehst.

b. Zusätzlich kann man noch bei der technischen Ausstattung wählen. Im Preis inbegriffen sind zwei der Ausstattungen aus der Liste.

Ausstattungen
elektrische Fensterheber
Navigationsgerät
Hi-Fi-Anlage
Sitzheizung
Klimaanlage
Zentralverriegelung

Wie viele Möglichkeiten hat der Kunde jetzt insgesamt?

c. Wie ändert sich die Anzahl der Möglichkeiten, wenn drei Ausstattungen im Preis inbegriffen sind?

d. Anna überlegt, für welches Auto sie sich entscheiden soll. Für sie kommen bestimmte Varianten nicht in Frage.
Sie rechnet:
$1 \cdot 4 \cdot 2 \cdot 1 \cdot 3 = 24$ Möglichkeiten
Was könnte Anna überlegt haben, bevor sie das gerechnet hat?

Bruchteile von Größen

1 Kontrolliere die Hausaufgaben von Anna und Benedikt.

Anna

$30\,cm = 0{,}3\,m = \frac{3}{100}\,m = 3\,dm$

$0{,}5\,km = \frac{5}{100} = 500\,m = 5000\,dm$

Benedikt

$30\,cm = 300\,dm = 0{,}3\,m = \frac{3}{10}\,m$

$\frac{2}{5}\,km = 250\,m$

2 Im Sportunterricht soll heute „Ball über die Schnur" gespielt werden. Christian holt das Seil aus der Kiste und halbiert es. Jetzt hat es nur noch eine Länge von 400 cm. Welche Länge hatte es vorher?
Welche Länge hat es, wenn Christian es jetzt viertelt?

3 Dorothea will ihrer besten Freundin ein Freundschaftsband flechten. Dafür muss sie ihren Faden erst halbieren und dann dritteln. Anschließend ist er 10 cm lang. Wie lang war er vorher?

4 Bringe die Waage mit den gegebenen Gewichtstücken ins Gleichgewicht.

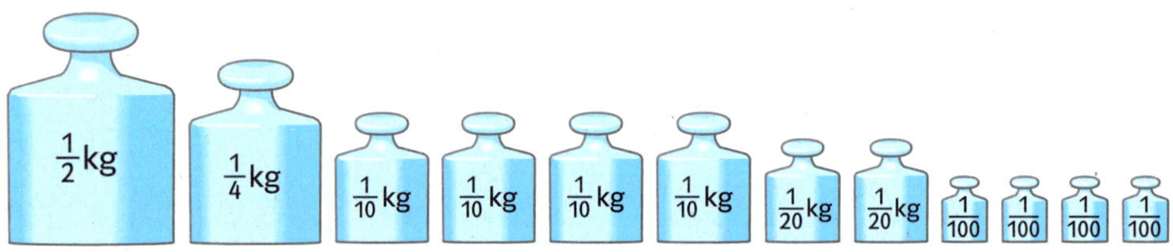

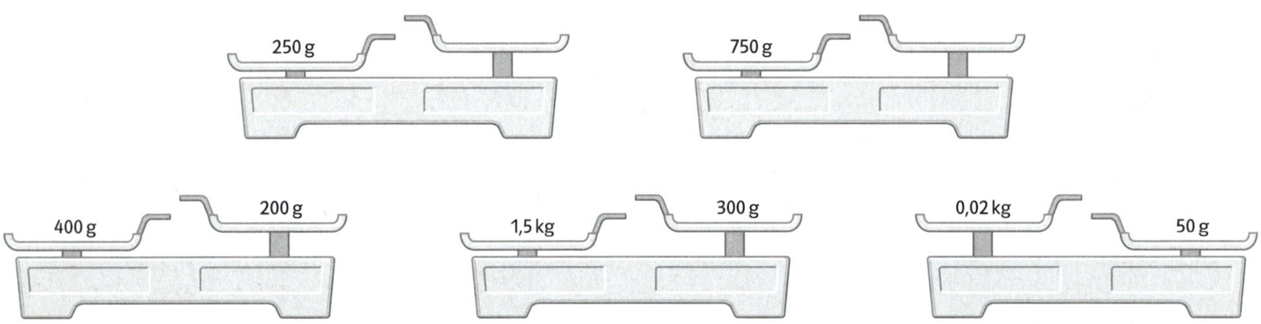

5 Lies ab, wie viele Minuten der Minutenzeiger überstrichen hat. Notiere die Zeitspanne auf verschiedene Arten.

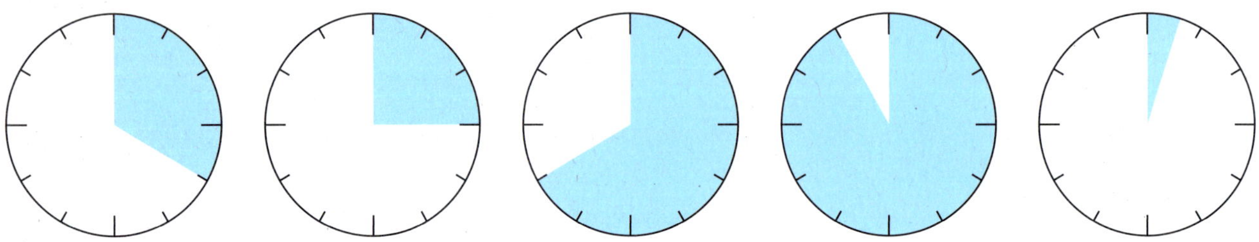

29 Bruchteile legen und zeichnen

1 Entscheide selbst, wie du vorgehen willst.

a. $\frac{1}{4} + \frac{1}{3}$

$\frac{2}{3} + \frac{2}{6}$

b. $\frac{2}{4} + \frac{1}{4} + \frac{2}{8}$

$\frac{3}{10} + \frac{2}{10} + \frac{1}{10}$

c. $\frac{1}{6} + \frac{1}{3} + \frac{2}{6} + \frac{2}{3}$

$\frac{4}{12} + \frac{2}{6} + \frac{1}{3} + \frac{1}{2}$

2 Entscheide selbst, wie du vorgehen willst.

a. $\frac{1}{2} - \frac{1}{3}$

$\frac{1}{6} - \frac{1}{12}$

b. $\frac{2}{3} - \frac{1}{6}$

$\frac{8}{10} - \frac{4}{5}$

c. $\frac{1}{1} - \frac{1}{2} - \frac{1}{3}$

$\frac{9}{12} - \frac{1}{12} - \frac{3}{6}$

3 Ergänze.

a. $\frac{1}{2} + \frac{\square}{\square} = \frac{3}{4}$

$\frac{1}{2} + \frac{\square}{\square} = \frac{6}{8}$

$\frac{1}{2} + \frac{\square}{\square} = \frac{9}{16}$

b. $\frac{2}{3} + \frac{\square}{\square} = \frac{5}{6}$

$\frac{2}{3} + \frac{\square}{\square} = \frac{11}{12}$

$\frac{2}{3} + \frac{\square}{\square} = \frac{8}{9}$

c. $\frac{1}{2} - \frac{\square}{\square} = \frac{1}{4}$

$\frac{6}{8} - \frac{\square}{\square} = \frac{3}{8}$

$\frac{11}{12} - \frac{\square}{\square} = \frac{1}{6}$

4

a. Beschreibe die gefärbten Bruchteile durch eine Summe von Bruchzahlen. Notiere die Summen unterhalb der Quadrate.

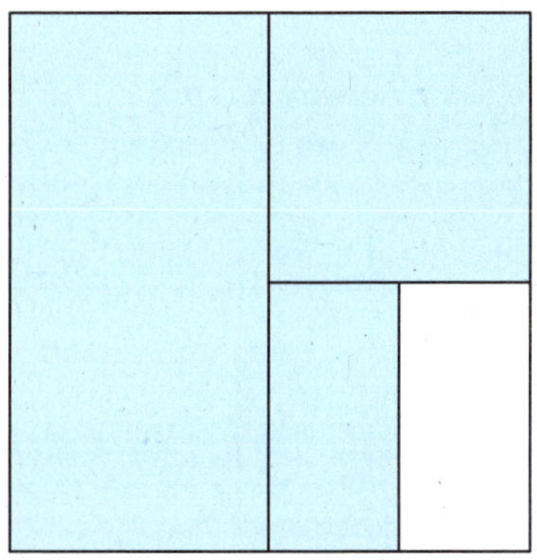

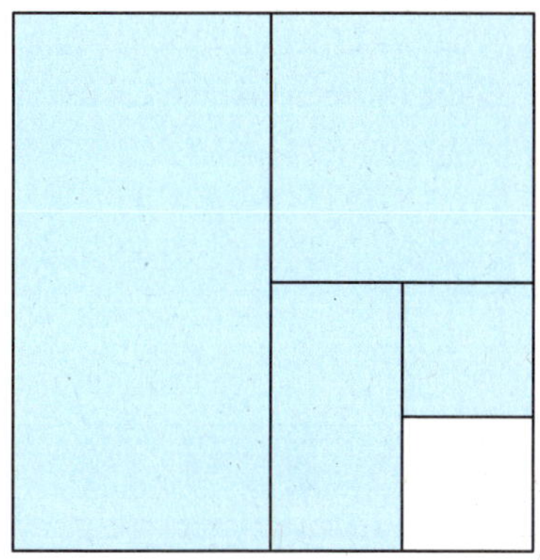

b. Welcher Teil des Ausgangsquadrates wird insgesamt gefärbt, wenn wir den Konstruktionsprozess „unendlich lange" fortsetzen? Begründe dein Ergebnis.

30 Zahlenrätsel

1 Annika hat sich ein Zahlenrätsel ausgedacht.

a. Verstehst du es? Kannst du Annikas Frage beantworten?

b. Stimmt es, dass man immer das gleiche Ergebnis erhält? Begründe kurz.

c. Verbessere Annikas Text. Benutze dazu die Vokabelliste. Achte auch auf die Rechtschreibung.

Vokabelliste

Ich addiere 3 zu 5:	5 + 3
Ich subtrahiere 7 von 12:	12 − 7
Ich multipliziere 6 mit 8:	6 · 8
Ich dividiere 50 durch 10:	50 : 10

Denke eine Zahl. Stecke diese Anzahl Kugel in den Sack. ~~O~~ Multipliziere 2. ~~S~~ Addiere 4. Dividiere 2. Suptrahiere das Ergebnis mit 1. Suptrahiere mit der Gedachten zahl.
Was kommt immer raus?

2

a. Welches Zahlenrätsel ist dargestellt? Formuliere es in Worten.

b. Welches Ergebnis erhältst du immer?

c. Setze mehrere Zahlen ein und überprüfe deine Antwort aus b.

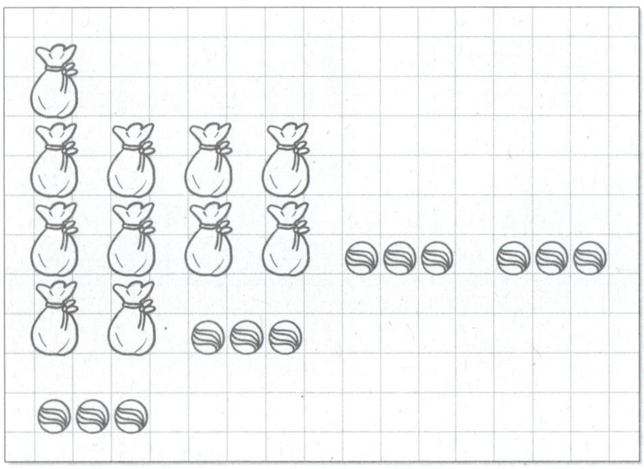

3

a. Peter hat sein Zahlenrätsel anders dargestellt. Formuliere es in Worten.

b. Mit welchen Zahlen funktioniert das Rätsel?

c. Erhält man für jede ausgedachte Zahl das gleiche Ergebnis?

4 : 2 = 2
2 + 3 = 5
5 · 2 = 10
10 − 4 = 6
6 − 4 = 2
= 2

31 Versteckte Zahlen

1 Zahlenrätsel und Umkehrrechnungen

a. Berechne x.

b. Schreibe das Rätsel in Worten.

A   [x] —(: 8)→ [   ] —(− 125)→ [   ] —(+ 125)→ [   ] —(· 8)→ [2000]

B   [x] —(− 600)→ [   ] —(: 60)→ [   ] —(+ 60)→ [   ] —(· 600)→ [36 000]

C   [x] —(+ 1800)→ [   ] —(− 900)→ [   ] —(: 1800)→ [   ] —(· 900)→ [810 000]

2 Wahre und falsche Värsli

a. Sortiere die folgenden Värsli in die passende Spalte. Rechne so wenig wie möglich.

$2 \cdot 6 > 3 \cdot 3$

$9 + 26 < 19 + 16$

$800 \cdot 40 = 80 \cdot 400$

$64\,000 \cdot 80 = 640\,000 : 800$

$6000 : 200 < 60\,000 : 2000$

$500 : 50 > 500 : 25$

$5 \cdot 20 = 100 + 3$

$4444 \cdot 2222 = 8888 \cdot 1111$

$123 \cdot 456 < 234 \cdot 567$

$123\,456 + 12\,345 > 98\,165 + 9876$

wahre Värsli	falsche Värsli

b. Nimm jeweils Kärtchen passend aus den Spalten, sodass „wahre Värsli" entstehen.

1. Kärtchen	2. Kärtchen	3. Kärtchen
400 : 20	<	888 · 1212
6000 · 2222	>	4000 : 20
222 · 4848	=	1000000 – 12345
1000000 – 1234		3000 · 4444
98765 + 9876		87654 + 8765

3 Hannah und Philipp lösen Zahlenrätsel.
Sie haben das gleiche Rätsel auf unterschiedliche Weise dargestellt.

Ich denk mir eine Zahl.
Wenn ich das Doppelte
meiner Zahl um 6 vergrößere,
erhalte ich das Fünffache
meiner gedachten Zahl.

Hannah

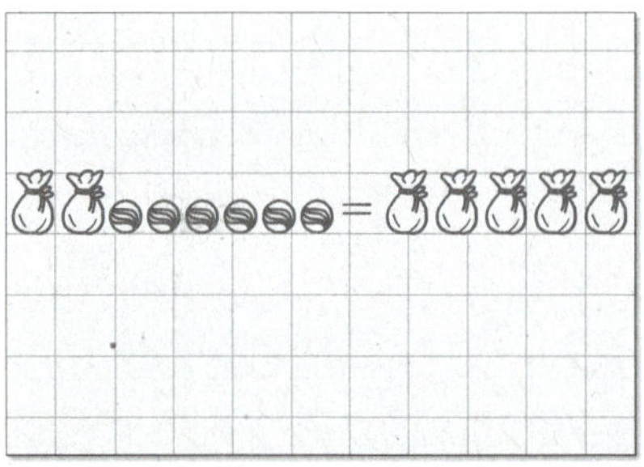

Philipp

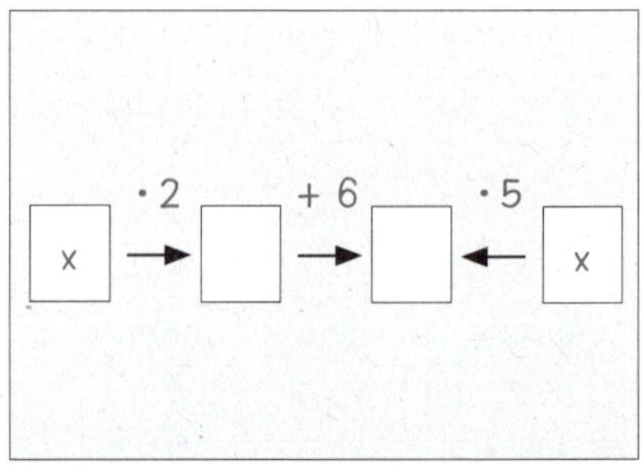

a. Wie würdest du das Rätsel lösen?

b. Erkläre die Darstellungen der beiden.

c. Hole dir Säckchen und Kugeln und löse das Rätsel wie Hannah.

d. Setze bei Philipp für x verschiedene Zahlen ein und probiere aus.

32 Klammern und Rechenbäume

1 Lukas und Lale wollen herausfinden, welche Zahl sich hinter dem Rechenausdruck ((4 + 4) · (125 : (100 − 95))) versteckt hat.

Lukas

4 + 4 = 8
100 − 95 = 5
125 : 5 = 25
8 · 25 = 200

Lale

((4 + 4) · (125 : (100 − 95)))
(8 · (125 : 5))
(8 · 25)
200

Du siehst hier, wie Lukas und Lale ihren Lösungsweg aufschreiben.

a. Erkläre die beiden Lösungswege.

b. Welchen Weg findest du für dich besser? Begründe.

c. Löse die folgenden Aufgaben wie Lukas oder wie Lale. Schreibe deine Zwischenschritte sorgfältig auf:

A (64 + (6 · 6)) =

B (63 000 : (14 · 50))

C ((72 : 9) · (96 + 29))

D (((16 · (1000 − 750)) : 8)) =

E ((630 : 7) − ((11 · 7) − 19))

F (103 : ((35 · 8) − (78 + 99)))

2 Verstecke die Zahlen.

Zahl	48	125	53
einfach			
doppelt			
dreifach			
vierfach			

3 Welche Zahlen verstecken sich hinter diesen Ausdrücken?

a. $(((4+3)\cdot((2+1)+(4:2)))\cdot 9)$

b. $(((6+5)\cdot((4+3)+(6:2)))\cdot 8)$

c. $(((8+7)\cdot((6+5)+(8:2)))\cdot 7)$

d. $(((10+9)\cdot((8+7)+(10:2)))\cdot 6)$

e. Mache so weiter. (Noch zweimal.)

f. Zur Kontrolle: Addiere die sechs versteckten Zahlen. Du erhältst 11165.

4 Hier hast du zwei Rechenbäume. Löse sie.

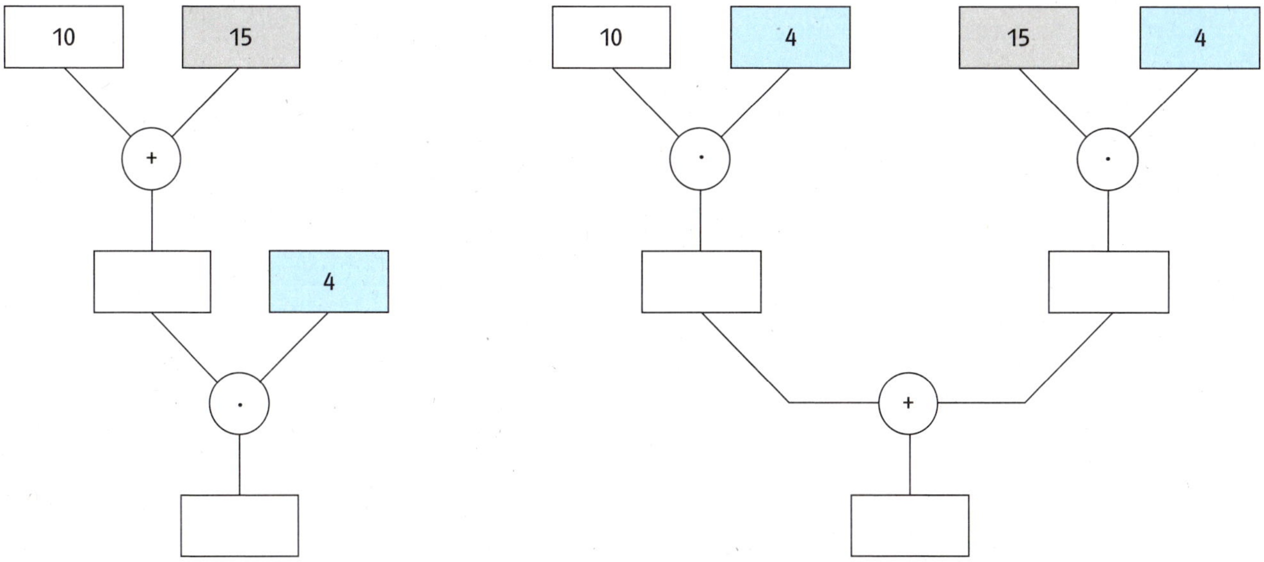

a. Ersetze in beiden Rechenbäumen die Zahl 10 durch 20; 30; 40; …
Was stellst du fest?

b. Ersetze in beiden Rechenbäumen die Zahl 15 durch 25; 35; 45; …
Was stellst du fest?

c. Ersetze in beiden Rechenbäumen die Zahl 4 durch 5; 6; 7; …
Was stellst du fest?

d. Ersetze in beiden Rechenbäumen jeweils die Zahlen 10; 15 und 4 durch eine beliebige von dir gewählte Zahl.
Was stellst du fest?

5 Die beiden Rechenbäume kann man auch in Kurzform schreiben:
$(10 \cdot 4) + (15 \cdot 4)$ und $(10 + 15) \cdot 4$

a. Welche Kurzform gehört zu welchem Baum?

b. Schreibe in Kurzform auf, was du in Aufgabe 4 herausgefunden hast.

6 Das ist Lenas erste Zeile. Kannst du es noch besser?

1; 2; 3; 4	(((3 · 4) · 2) + 1)	=	(25;) 26; 27; 28; 29; 30; 31

In der linken Spalte befinden sich jeweils vier Zahlen. Diese vier Zahlen sollen in beliebiger Reihenfolge mithilfe der vier Grundrechenarten alle genau einmal verrechnet werden, sodass in jeder Zeile das Ergebnis möglichst nahe bei 28 liegt. Vielleicht schaffst du es auch, die 28 genau zu treffen? Du darfst so viele Klammern setzen, wie du benötigst.

1; 2; 3; 4		=	25; 26; 27; 28; 29; 30; 31
2; 3; 4; 5		=	25; 26; 27; 28; 29; 30; 31
3; 4; 5; 6		=	25; 26; 27; 28; 29; 30; 31
4; 5; 6; 7		=	25; 26; 27; 28; 29; 30; 31
5; 6; 7; 8		=	25; 26; 27; 28; 29; 30; 31
6; 7; 8; 9		=	25; 26; 27; 28; 29; 30; 31
7; 8; 9; 10		=	25; 26; 27; 28; 29; 30; 31
1; 8; 9; 10		=	25; 26; 27; 28; 29; 30; 31
1; 2; 9; 10		=	25; 26; 27; 28; 29; 30; 31
1; 2; 3; 10		=	25; 26; 27; 28; 29; 30; 31

7 Spielt zu zweit oder zu dritt. Würfelt fünfmal und notiert die Zahlen. Versteckt mithilfe dieser fünf Zahlen eine möglichst große Zahl. Verwendet dazu jede der fünf Zahlen genau einmal. Verwendet jedes der vier Rechenzeichen genau einmal. Wer das größte Ergebnis hat, bekommt einen Punkt.

+ − · :

Alena, Kathrin und Semil haben schon eine Runde gespielt. Hier siehst du, wie Kathrin und Semil gerechnet haben.
Kathrin: (((6 · 5) + 4) − (2 : 1)) = 32
Semil: ((((4 + 6) · 5) − 2) : 1) = 48

a. Überprüfe, ob Kathrin und Semil richtig gerechnet haben. Schreibe die Rechnungen sorgfältig auf.

b. Alena behauptet: „Mein Ergebnis ist 52.“ Kann das sein? Begründe.

c. Spielt das Spiel einige Male zu zweit oder zu dritt. Notiert eure Rechnungen.

d. Wie kann es gelingen, möglichst große Zahlen zu verstecken? Notiert gemeinsam einige Tipps.

33 Dezimalbrüche und Zahlenstrahl

1 Gib den Abstand auf dem Zahlenstrahl zwischen folgenden Werten in Zehntel- und Hundertstelschritten an.

a. 6,5 und 6,7
5,76 und 5,79
0,03 und 0,09
8,5 und 9,4

b. 2,57 und 2,87
5,3 und 6,4
8,01 und 8,71
6,55 und 7,05

c. 3,45 und 3,56
2,08 und 2,33
1,7 und 2,33
0,06 und 1

d. 0,33 und 0,7
0,41 und 1,55
0,34 und 0,36
0 und 0,96

2 Übungen am Zahlenstrahl:
Zähle vorwärts.

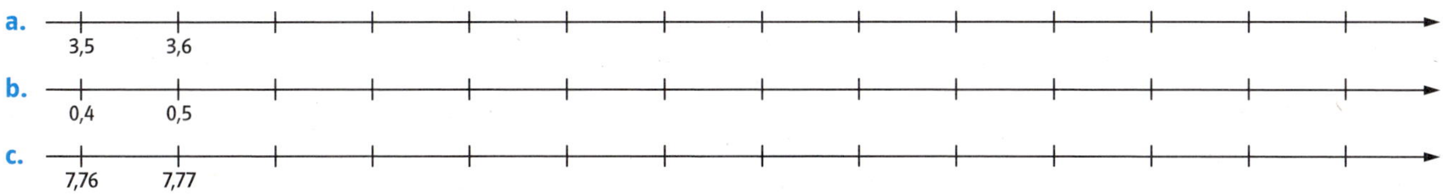

Zähle rückwärts.

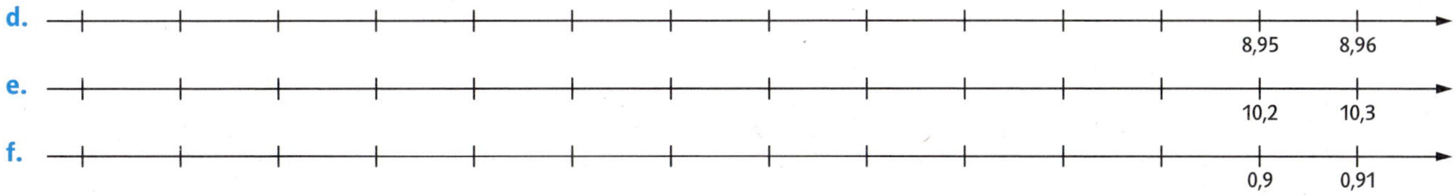

Ergänze die fehlenden Zahlen.

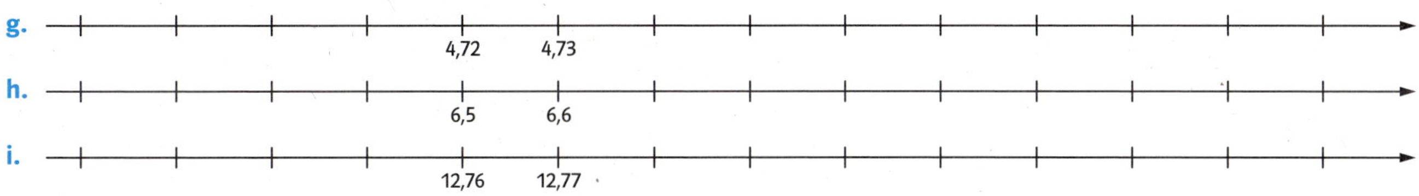

j. Trage die folgenden Zahlen ein: 9,995; 10,000; 10,001; 10,005.

k. Trage die folgenden Zahlen ein: 4,65; 4,67; 4,7; 4,71.

l. Trage die folgenden Zahlen ein: 9,9; 10,02; 10,07; 10,1.

3 Für welche Zahlen stehen die Buchstaben?

a.

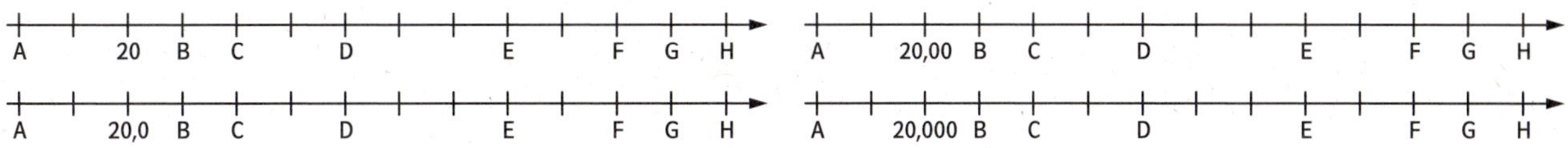

b.

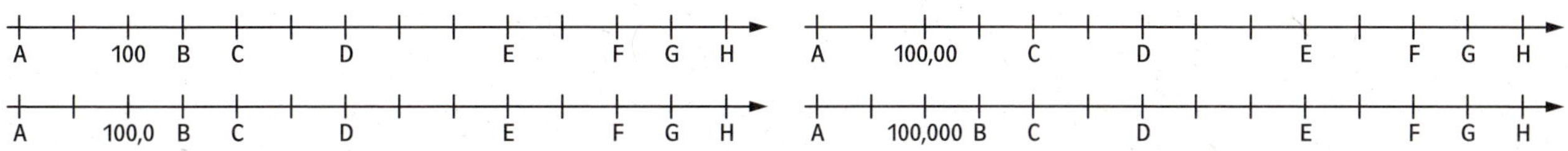

T4 Teste dich selbst

- Löse den Test, wenn du im Arbeitsheft die Seiten 44 – 55 bearbeitet hast.
- Nimm, wenn nötig, ein zusätzliches Blatt.
- Kreuze nach jeder Aufgabe an, wie es dir ergangen ist.
- Wenn du mit dem Test fertig bist, kannst du deine Ergebnisse mit den Lösungen auf Seite 93/94 vergleichen.
- Trifft zu, was du angekreuzt hast?

a Da bin ich sicher. Das kann ich.
b Da bin ich unsicher. Das werde ich weiter üben.
c Das kann ich nicht. Hier brauche ich Hilfe.

1 Die Meyer-Werft in Papenburg (Niedersachsen) baut bereits seit 1795 Schiffe verschiedener Art. In den letzten Jahren hat sie einen international sehr guten Ruf für den Bau anspruchsvoller Passagierschiffe erworben. Ein Mitarbeiter hat ausgerechnet, dass ca. 12 000 Menschen an einem Kreuzfahrtschiff mitarbeiten, dass weiterhin bei dem Bau von acht Kreuzfahrtschiffen ca. 13 000 Passagier- und Crewkabinen, 170 000 m² öffentliche Räume (entsprechen 25 Fußballfelder), 160 Lifte, 14 000 Toiletten entstehen und 16 000 km Kabel verbraucht werden.

a. Unterstreiche die Informationen, die du für die folgenden Aufgaben benötigst, jeweils in einer anderen Farbe.

b. Wie viele Kilometer Kabel werden pro Schiff benötigt?

c. Berechne, wie viele Menschen an dem Bau von acht Kreuzfahrtschiffen arbeiten.

d. Marco rechnet: 170 000 : 25 = 6800. Beschreibe, was ausgerechnet wurde.

☐ a ☐ b ☐ c

2 Die folgenden Sprechweisen sind eher unüblich. „Übersetze“ sie.

e. Unterrichtsschluss ist in $\frac{1}{12}$ h.

f. Mike muss heute noch $\frac{700}{1000}$ l trinken.

g. Der Golfball flog $\frac{30}{100}$ km weit.

☐ a ☐ b ☐ c

3 Nina und Laura sind beim Einkaufen. Ihre Waren haben die folgenden Gewichte:
Milch 1000 g, Schokolade $\frac{20}{100}$ kg, Chips $\frac{75}{1000}$ kg, Obst $1\frac{1}{2}$ kg, Kräuter $\frac{1}{20}$ kg, Gemüse 1,04 kg
Notiere, wie sie den Einkauf aufteilen müssen, damit beide ungefähr gleich schwer tragen.

☐ a ☐ b ☐ c

4 Finde die Fehler in Peters Formulierungen. Verbessere dann.

a. „Ich habe 48 mit 6 dividiert.“

b. „Dann habe ich das Ergebnis 4 multipliziert.“

c. „Am Ende habe ich das Ergebnis mit 2 subtrahiert.“

☐ a ☐ b ☐ c

5 Denk dir einige Zahlen aus, setze sie anstelle des Säckchens ein. Was beobachtest du?

 + 16 −  − 7 =

☐ a ☐ b ☐ c

6

a. Führe Sarahs Rätsel mit mehreren Zahlen durch. Hat Sarah Recht?

b. Welche Zahl hatte sich Sarah gedacht? c. Ändere das Zahlenrätsel so, dass Sarah Recht hat.

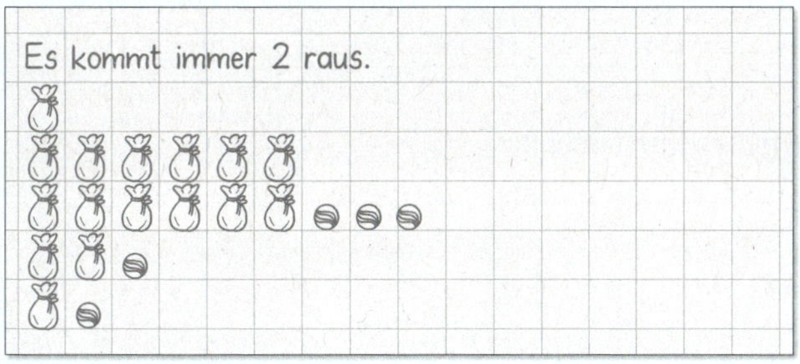

a b c

7 Welche Zahl kann z sein?

a. $z < 5$ ____ b. $4 \cdot z > 27$ ____ c. $80 - z > 60$ ____ d. $z - 49 = 49$ ____

e. $5 \cdot z + 2 = 22$ ____ f. Der siebte Teil meiner Zahl z ist kleiner als 4. ____

f. Wenn ich das Dreifache meiner Zahl z um 1 vergrößere, dann erhalte ich die kleinste dreistellige Zahl. ____

a b c

8

a. x $\xrightarrow{\cdot 2}$ ☐ $\xrightarrow{\cdot 5}$ 360

b. x $\xrightarrow{+60}$ ☐ $\xrightarrow{\cdot 60}$ ☐ $\xrightarrow{-60}$ ☐ $\xrightarrow{:60}$ 60

c. Kannst du die gesuchte Zahl aus a. in einem einzigen Rechenschritt bestimmen? ____

d. Schreibe das Rätsel aus b. mit Worten. ____

e. Verstecke die Zahl 1 in 4 Schritten. ____

f. Welche Zahl wurde hier versteckt? ((1000 : (250 − 50)) · (12 000 : 40)) ____

a b c

9 Verstecke mithilfe der Zahlen 1; 2; 3 und 4 und der vier Grundrechenarten so viele unterschiedliche Zahlen wie möglich. Regel: Du sollst jede der vier Zahlen in beliebiger Reihenfolge genau einmal benutzen. Du darfst so viele Klammern setzen, wie du benötigst. Welches ist die größte Zahl, die du verstecken kannst?

((2 − 1) · (4 − 3))	= 1				
	= 2				
	= 3				
	= 4				

a b c

10 Gehe in $\frac{4}{10}$-Schritten am Zahlenstrahl weiter, bis du den nächsten Zehner überschreitest.

a. 9 ____

b. 37,3 ____

c. 76,55 ____

11 Markiere an einem geeigneten Zahlenstrahl.

a. 100; 100,4; 98,9; 99,6 b. 2,54; 2,6; 2,48; 2,58 c. 0,775; 0,8; 0,77; 0,78

a b c

35 Körper aus Würfeln

1 In einem Bauplan kann man erkennen, wo und wie hoch die Würfel in den Würfelkörpern gestapelt werden. Für die Körper aus Aufgabe 1 im Mathematikbuch sieht das beispielsweise so aus:

C				1	1
			1	1	
G			1	3	

a. Wähle mindestens einen Körper aus jeder Reihe aus und schreibe einen Bauplan.

b. Entwirf eigene Baupläne für Würfelkörper und lass deine Partnerin oder deinen Partner die Körper bauen oder zeichnen.

c. In Aufgabe 2 im Mathematikbuch hast du gleiche Körper herausgesucht. Haben diese Körper die gleichen Baupläne? Vergleiche einige Baupläne für gleiche Körper miteinander.

d. Sind die Körper, die diese Baupläne besitzen, gleich? Begründe.

	3		3	
1	2		2	1

2 Betrachte wieder die Würfelkörper aus Aufgabe 1 im Mathematikbuch. Es ist möglich, durch das Umlegen eines Würfels einen der Körper in einen anderen dieser Würfelkörper zu verwandeln.
Beispiel: A kann in B verwandelt werden oder auch B in den Körper L.
Wähle einen der Körper A; B; C oder D aus und schreibe alle Verwandlungsmöglichkeiten auf.

3 Wähle aus der Aufgabe 1 im Mathematikbuch einen der Körper B; H oder L aus und zeichne verschiedene Ansichten von diesem Körper in das Karogitter ein.

a. Zeichne ihn so, wie er von hinten aussieht.
b. Zeichne ihn so, wie er von rechts aussieht.
c. Zeichne ihn so, wie er von links aussieht.

4 Aus wie vielen Würfeln besteht dieser aus Würfeln zusammengesetzte Körper, der die folgenden Ansichten hat? Gib einen Bauplan an.

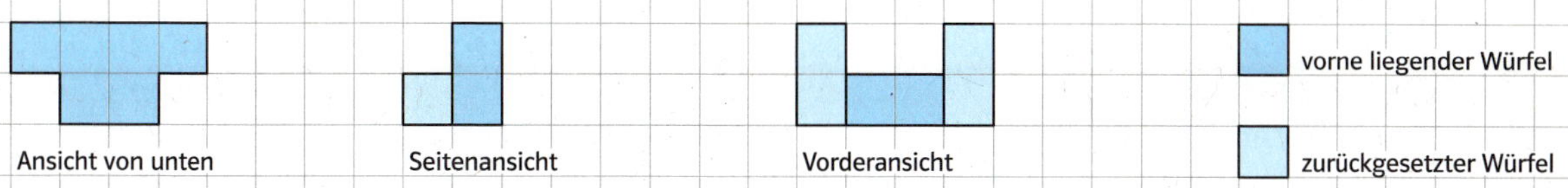

5

a. Wie viele Würfel benötigst du bei diesen Würfelkörpern zusätzlich, um daraus einen Würfel mit möglichst kleiner Kantenlänge zu bauen?

b. Wie groß ist der Anteil der neuen Würfel am gesamten Würfelbauwerk?

A

B

6

a. Welcher Anteil der Würfelkörper ist gefärbt?

b. Ergänze den Würfelkörper zum kleinstmöglichen Quader. Wie viele Würfel benötigst du zusätzlich?

A

B

Quaderansichten

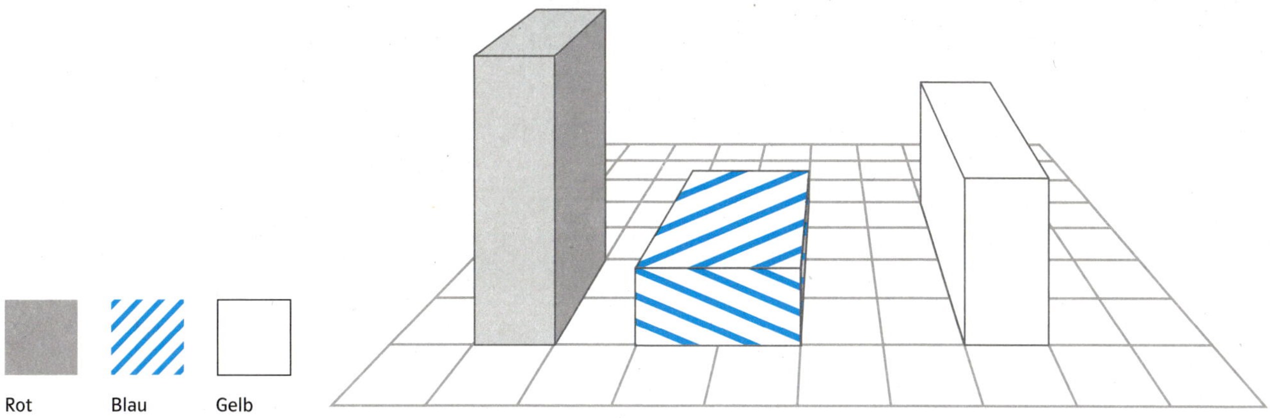

7 Wie sehen die vier Ansichten aus?

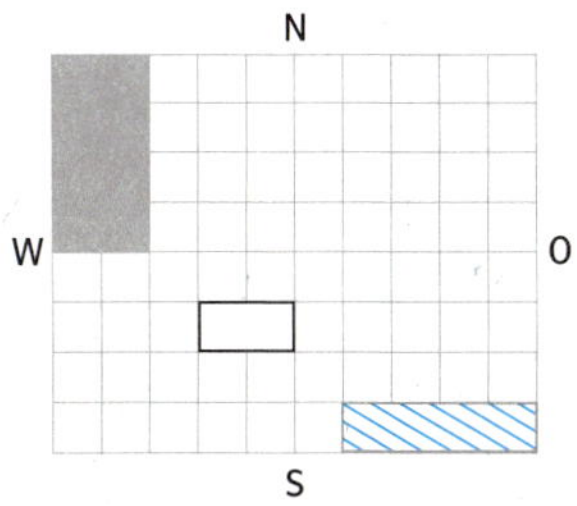

von Norden | von Osten | von Süden | von Westen

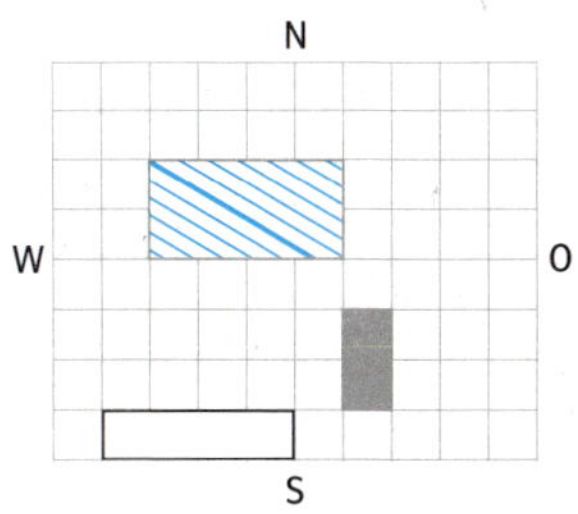

von Norden | von Osten | von Süden | von Westen

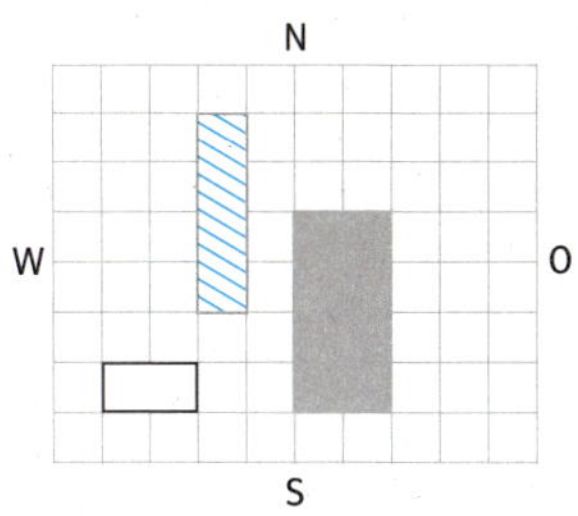

von Norden | von Osten | von Süden | von Westen

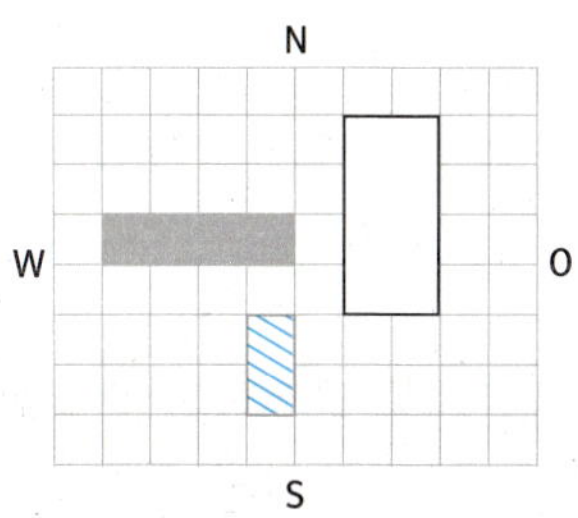

von Norden | von Osten | von Süden | von Westen

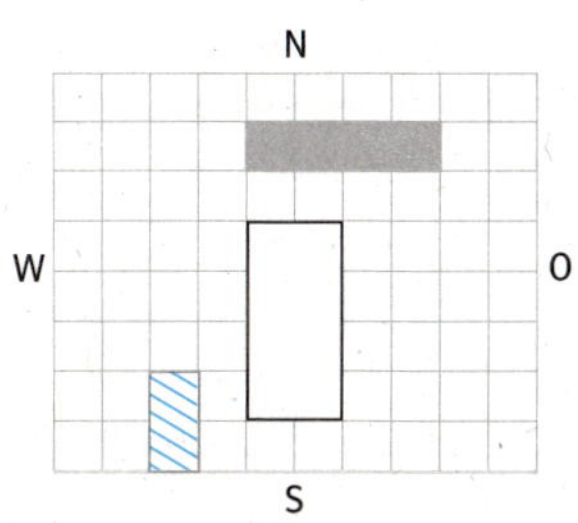

von Norden | von Osten | von Süden | von Westen

36 Quaderansichten

8 Wie sieht der Grundriss aus?

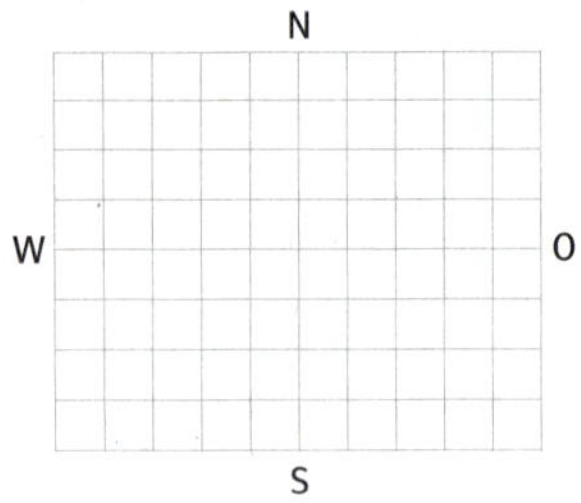

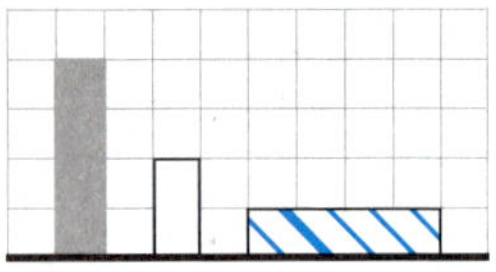
von Norden

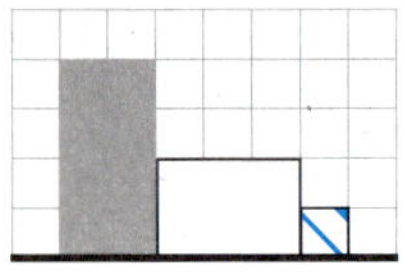
von Osten

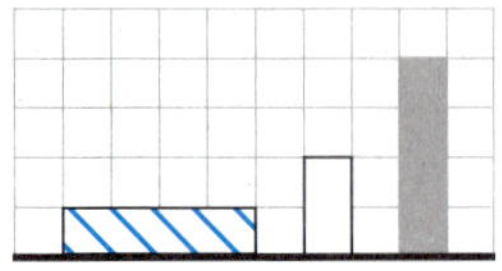
von Süden

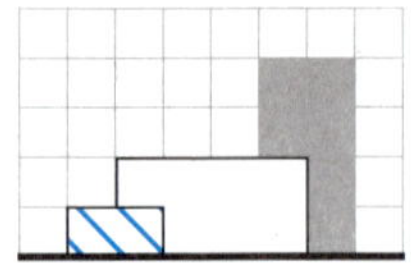
von Westen

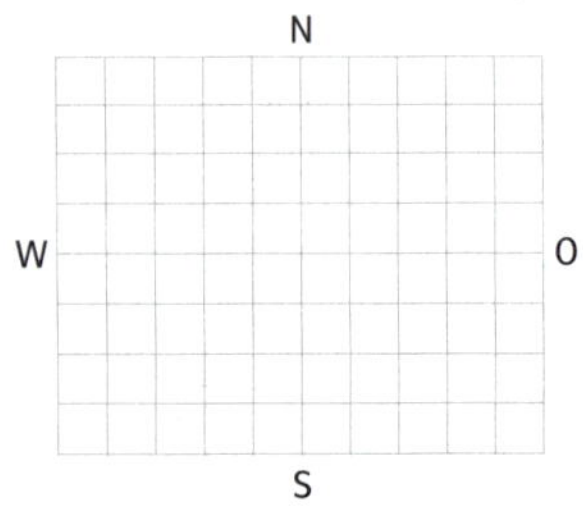

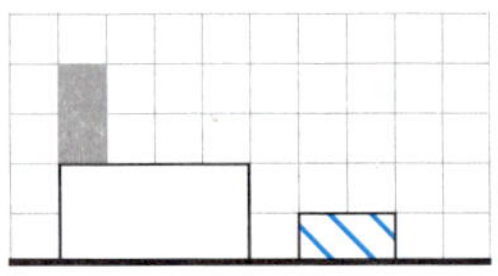
von Norden

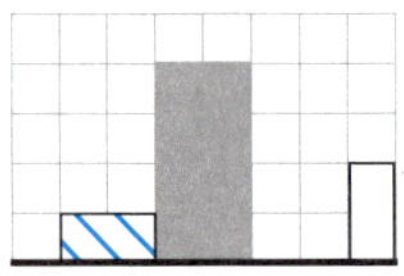
von Osten

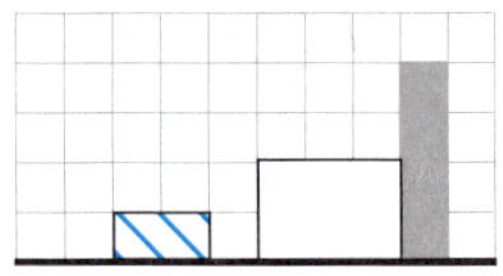
von Süden

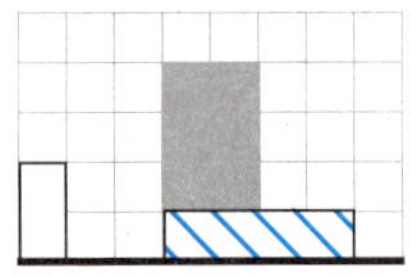
von Westen

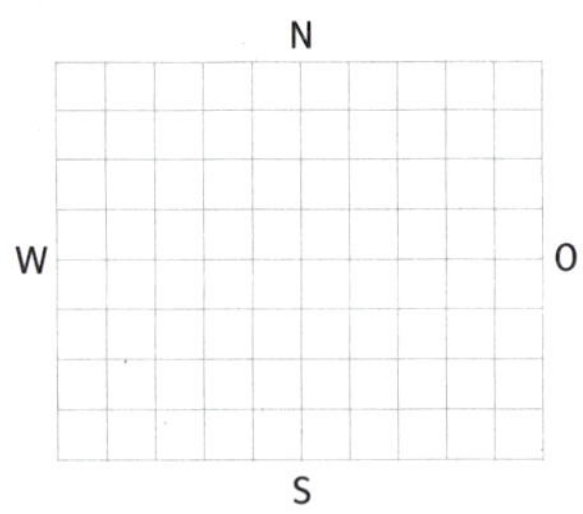

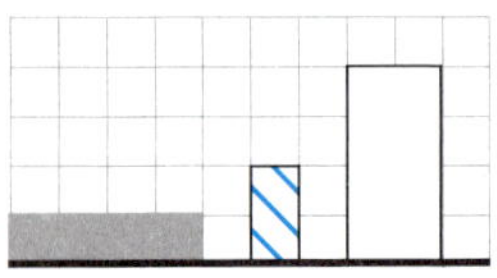
von Norden

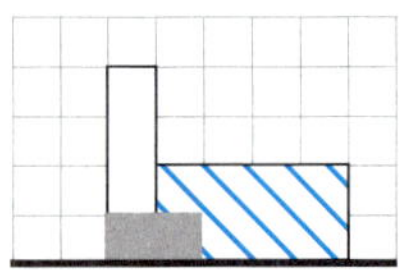
von Osten

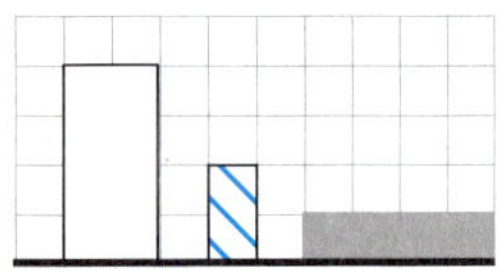
von Süden

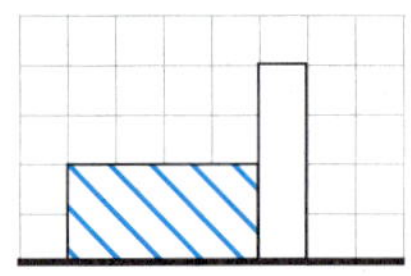
von Westen

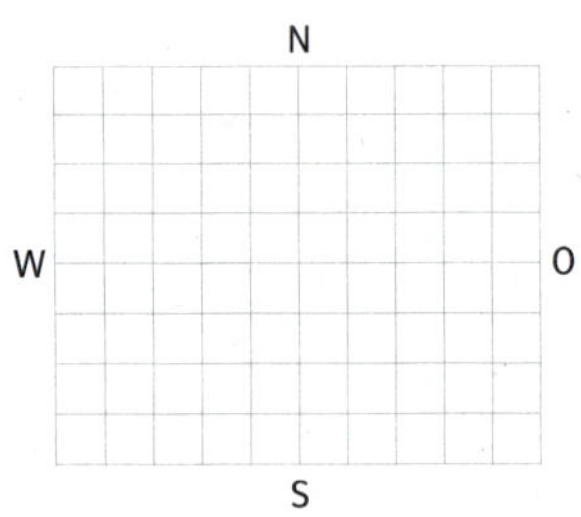

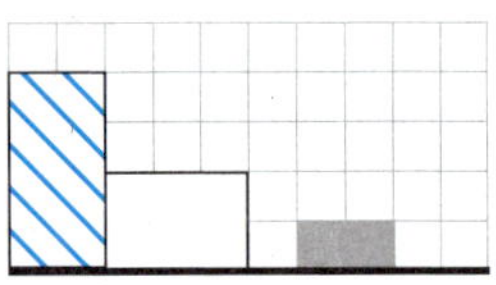
von Norden

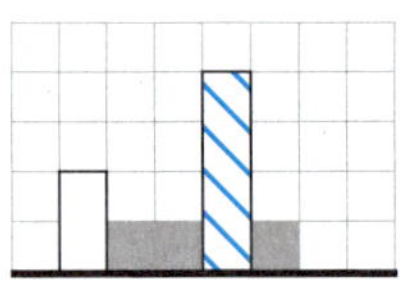
von Osten

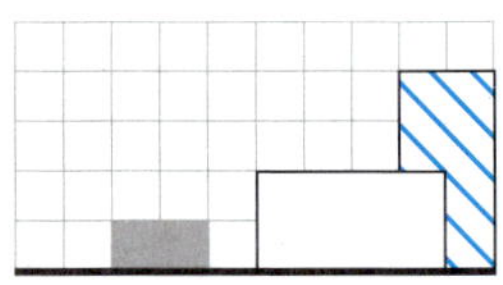
von Süden

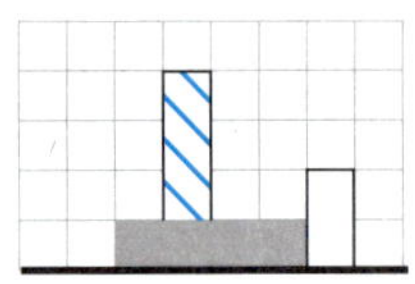
von Westen

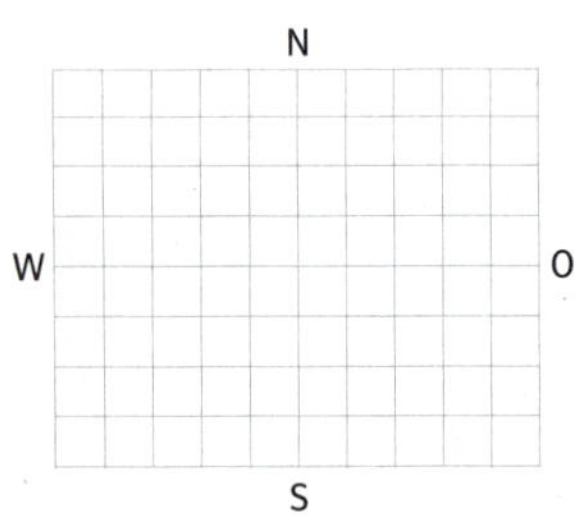

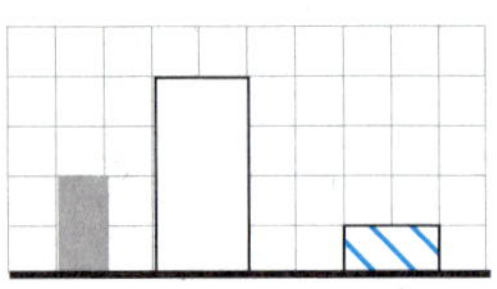
von Norden

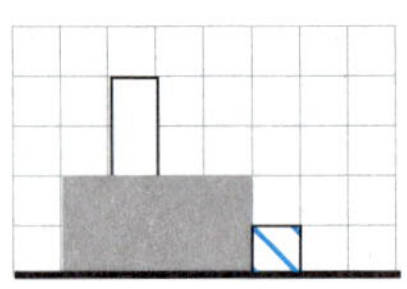
von Osten

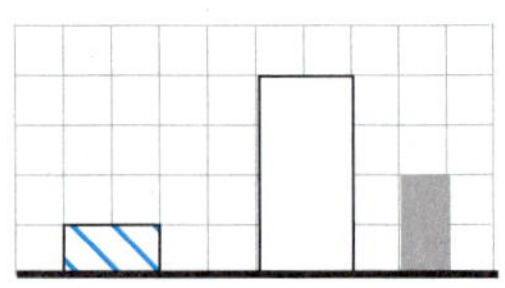
von Süden

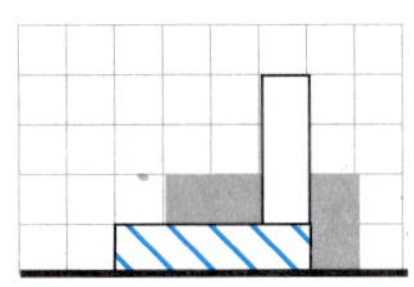
von Westen

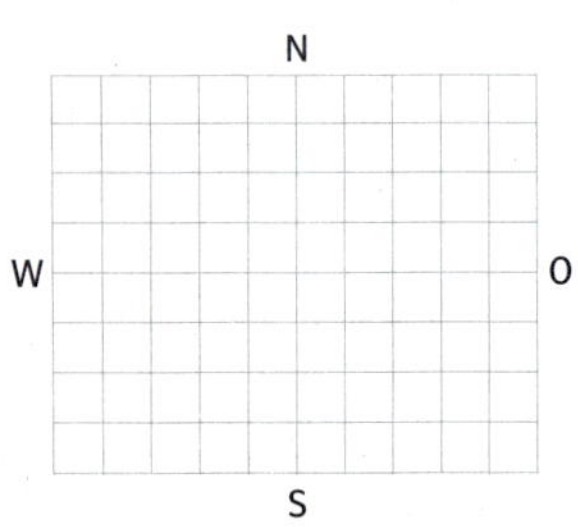

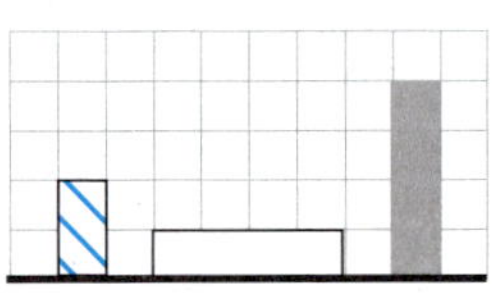
von Norden

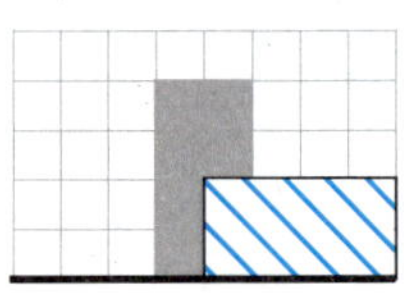
von Osten

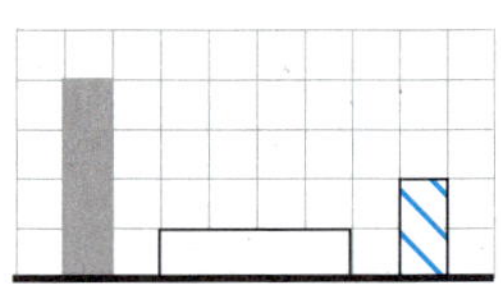
von Süden

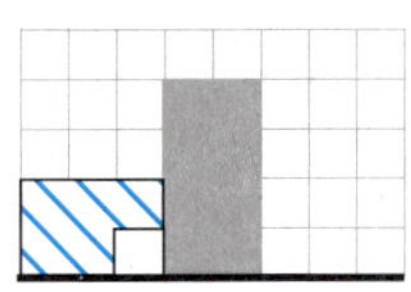
von Westen

38 Spitze!

Fische sind mit ihrem stromlinienförmigen Körper und ihrer schlüpfrigen Haut vom Maul bis zur Schwanzspitze dem Leben im Wasser angepasst. Es ist nicht verwunderlich, dass viele Fische zehnmal schneller schwimmen als Menschen. Der älteste Weltrekord im Schwimmen (800 m Freistil) wird von Janet Evans (USA) mit 8:16:22 min (gelesen 8 Minuten, 16 Sekunden, 22 Hundertstelsekunden) seit 1989 gehalten.

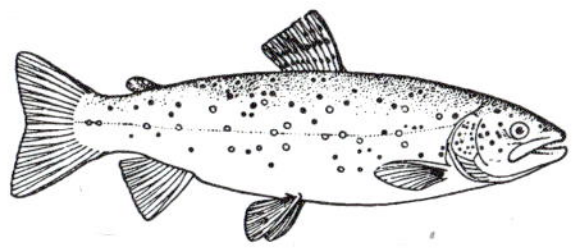

Die Forelle erreicht eine Geschwindigkeit von 35 km/h.

Der Schwertfisch legt in 2 Minuten 3 km zurück.

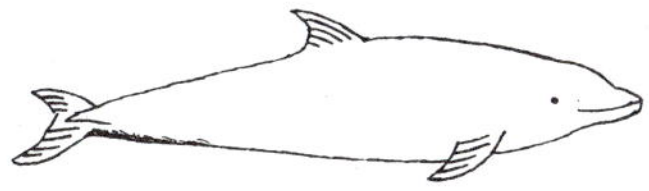

Ein Delfin legt in 3 Minuten 2300 Meter zurück.

Der Eisbär schwimmt mit einer Spitzengeschwindigkeit von 10 km/h.

Der Blauwal schafft 5 km 500 m in 6 Minuten.

Brillenpinguine können unter Wasser in 1 Sekunde 10 Meter zurücklegen.

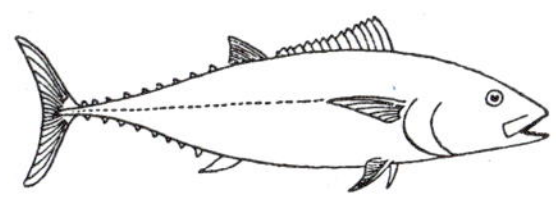

Der Thunfisch schafft in 3 Minuten eine Strecke von 5 km.

1

a. Wie lange braucht der Eisbär für 100 m?

b. Wie viele Kilometer legt der Schwertfisch in 10 min zurück?

c. Wie lange braucht ein Thunfisch für die gleiche Strecke?

d. Wer ist schneller: der Brillenpinguin oder der Delfin?

e. Wie weit kommt ein Blauwal in einer Stunde?

f. Stelle eine Rangliste für diese Meeresbewohner auf.

38 Spitze!

2 Stelle die Höchstgeschwindigkeit dieser Flugobjekte in einem Balkendiagramm dar.
1 cm entspricht einer Geschwindigkeit von 200 km/h.

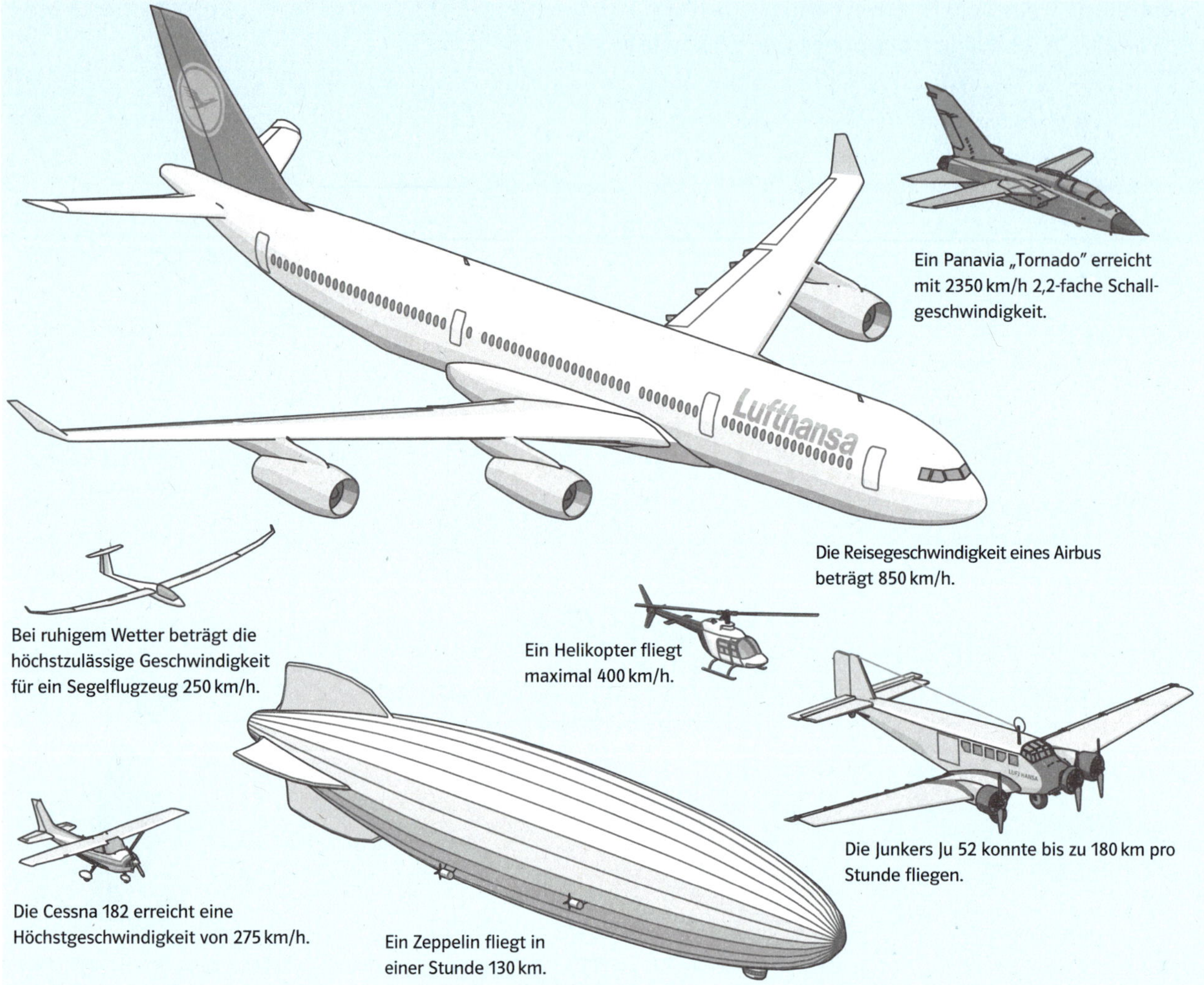

Ein Panavia „Tornado" erreicht mit 2350 km/h 2,2-fache Schallgeschwindigkeit.

Die Reisegeschwindigkeit eines Airbus beträgt 850 km/h.

Bei ruhigem Wetter beträgt die höchstzulässige Geschwindigkeit für ein Segelflugzeug 250 km/h.

Ein Helikopter fliegt maximal 400 km/h.

Die Junkers Ju 52 konnte bis zu 180 km pro Stunde fliegen.

Die Cessna 182 erreicht eine Höchstgeschwindigkeit von 275 km/h.

Ein Zeppelin fliegt in einer Stunde 130 km.

39 Wie alt werden Bäume?

Ich bin eine einhundert Jahre alte Buche. Ich bin etwa 20 m hoch und meine Krone hat einen Durchmesser von ungefähr 12 m. Wenn die Sonne senkrecht über mir steht, werfe ich einen Schatten, der eine Fläche von 120 Quadratmetern bedeckt. Ich besitze 600 000 Blätter; wenn du sie nebeneinander auslegen würdest, würde eine Fläche von 1200 Quadratmetern entstehen. Wenn du meine Blätter genau betrachtest, wirst du festestellen, dass sie nicht ganz glatt sind. Deshalb ist die Zelloberfläche meiner Blätter noch viel größer, sie ist 15 000 Quadratmeter groß. Jeden Tag strömt Luft durch meine Blätter, dabei wird unter Sonneneinstrahlung Kohlendioxid in Sauerstoff umgewandelt. An einem Sonnentag entsteht dabei etwa 13 kg Sauerstoff. Das ist etwa so viel wie zehn Menschen am Tag zum Atmen benötigen.
Übrigens: Ein Flugzeug braucht für einen Flug über den Atlantik etwa 36 000 kg Sauerstoff.
Ich verbrauche jeden Tag 400 l Wasser, das wieder über Blätter verdunstet. Für meine eigene Versorgung produziere ich jeden Tag 12 kg Zucker. Daraus baue ich alle Stoffe, die ich benötige. Einen Teil speichere ich, aus anderen Teilen entsteht neues Holz. Als junge Buche bin ich 40 bis 70 cm im Jahr gewachsen.
Falls ich gefällt werden sollte, müsste man etwa 2000 junge Bäume mit einem Kronendurchmesser von etwas mehr als einem Meter pflanzen, um meine Sauerstoffproduktion mit diesen neuen Bäumen zu erreichen. Die Kosten dafür betragen mehr als 100 000 Euro. Ich kann jedoch bis zu 300 Jahre alt und dabei bis zu 45 m hoch werden. Mein Stammdurchmesser beträgt dann knapp zwei Meter.
aus: Hessisches Kultusministerium (Hg.): Ökosystem Wald, Begleitheft zur Schulfernsehreihe des Hessischen Rundfunks, Wiesbaden 1988

1 Dieser Text handelt von unserer heimischen Buche. Mathematisch interessante Informationen in einem Text sind oft an einer Zahl zu erkennen. Markiere alle mathematisch interessanten Informationen in dem Text, trage sie dann in die folgende Tabelle ein und schreibe ihre Bedeutung mit deinen eigenen Worten dazu.

Zahl bzw. Größe	Bedeutung
12 m	Durchmesser der Baumkrone

2 Löse nun die folgenden Aufgaben mithilfe der Tabelle:

a. Welche Maße könnte ein Rechteck haben, dessen Flächen so groß wie die Blattfläche der Buche ist?

Ihr könnt gemeinsam ein solches Rechteck mit Kreide auf dem Schulhof aufmalen, um euch diese Fläche besser vorstellen zu können.

b. Vergleiche die Zelloberfläche der Blätter einer Buche mit der Fläche eines Fußballfeldes.

c. Denke dir selbst Aufgaben aus, indem du Informationen aus dem Text verwendest.
Formuliere dazu eine Aufgabenstellung mit Frage(n) und erarbeite eine Musterlösung.
Füge jetzt deiner Aufgabe überflüssige Informationen hinzu, die nicht für die Lösung benötigt werden.
Stelle dann die Aufgabe deiner Nachbarin oder deinem Nachbarn.
(Beachte dabei: Welche Informationen sind für die Berechnung der Aufgabe wichtig? Reichen die Informationen aus, um die Fragen beantworten zu können?)

3 An einem Sonnentag erzeugt eine jüngere Buche mit jedem Quadratmeter Blattfläche etwa elf Gramm Sauerstoff.

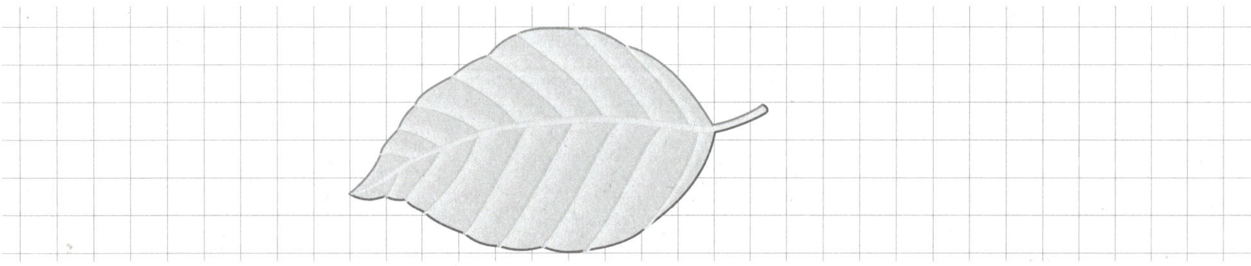

a. Wie groß ist die Fläche des abgebildeten Buchenblattes?

b. Wie viele Blätter benötigst du, um einen Quadratmeter damit auslegen zu können?

c. In einem Zeitungsartikel konnte man lesen, dass eine solche Buche am Tag 660 g Sauerstoff produzieren kann, das ist der Tagesbedarf eines Menschen.

d. Überprüfe diese Aussage. Nimm dabei den Text der vorigen Seite zu Hilfe.

40 Päckchen schnüren

1

a. Gib jeweils die Gesamtlänge der benötigten Schnur mithilfe von l, b und h an:

A

B

b. Welches Ergebnis erhältst du, wenn die Pakete 25 cm lang, 20 cm breit und 4 cm hoch sind?

2 Was geschieht bei einem Würfel?

a. Wie lang muss die jeweilige Schnur sein, wenn der Paket-Würfel eine Kantenlänge von 22 cm hat?

b. Gib die Gesamtlänge der jeweiligen Schnur für die Kantenlänge a an.

c. Wie kannst du mithilfe dieses Terms schnell berechnen, wie viel Schnur für ein Würfelpaket mit der Kantenlänge a = 15 cm benötigt wird?

C

D

E

3

a. Welcher Term gehört zu welcher Verpackung?

$4l + 6b + 6h$
$4l + 4b + 4h$
$2l + 10b + 12h$

F
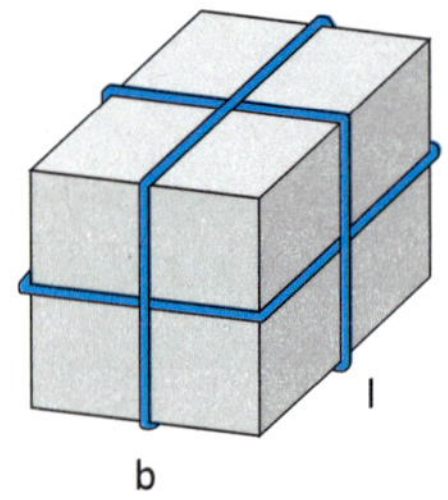

G
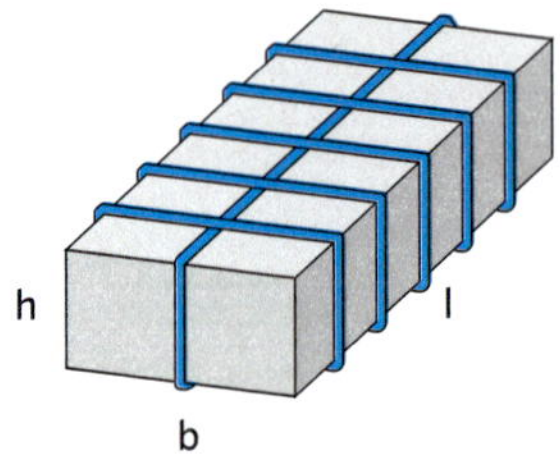

H
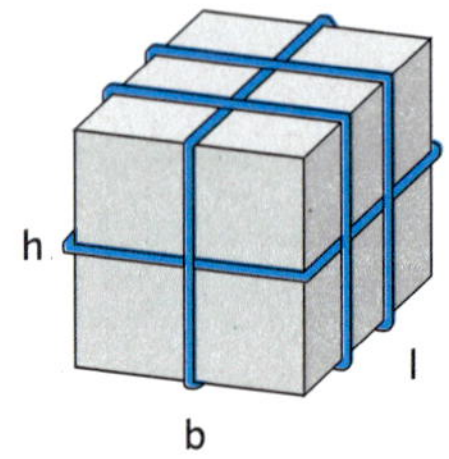

b. Ein quaderförmiges Paket hat die folgende Verschnürung:
A $4l + 2b + 2h$ B $4l + 6b + 6h$
Skizziere eine solche Verschnürung.

A
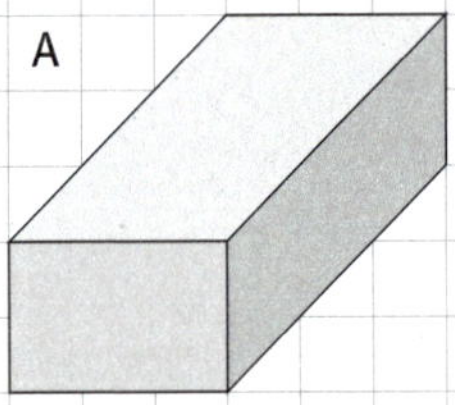

B
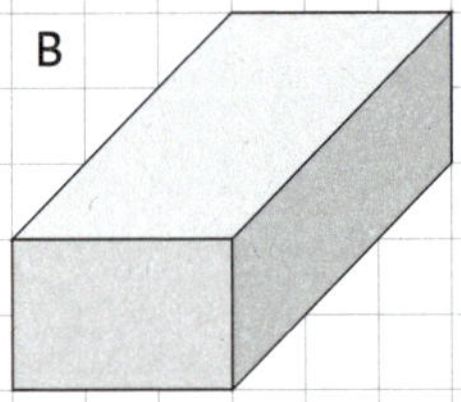

4 Gleich große Pakete sollen zu Stapeln zusammengeschnürt werden.
Gib jeweils die Gesamtlänge der benötigten Schnur als Term an. Jedes Einzelpaket hat die Maße l, b und h.

I

J
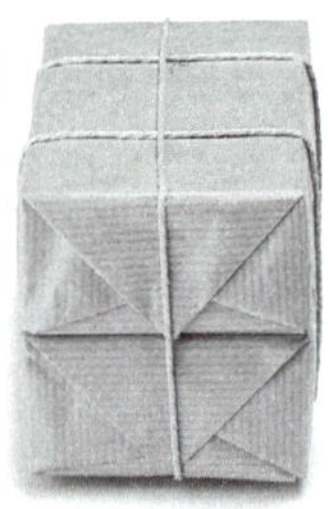

K
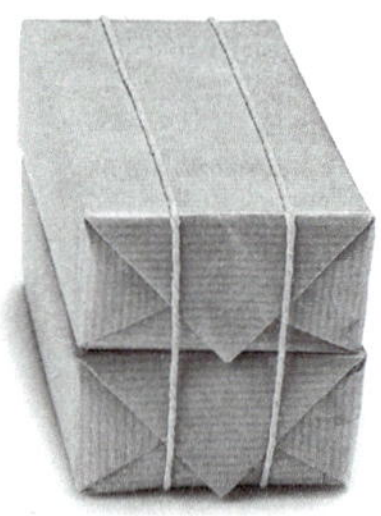

L

M

N

41 Internet

1 Schreibe als Zahl mit Zwischenräumen.

Wortform	Zahl
dreizehntausenddreihundertzwölf	
vierhundertsiebzigtausendeinundzwanzig	
sechs Millionen siebenundsiebzigtausendneunhundertfünfundachtzig	
dreihundertvierundachtzig Millionen sechshundertdreiundvierzig	
acht Milliarden neunhundert Millionen zweihundertachttausendsiebenundachtzig	

2 Schreibe die Wortform der Zahl auf.

Zahl	Wortform
5123	
2 050 060	
11 111 222	
9 008 800 001	
11 000 321 009	

3 Das Diagramm zeigt die Geschwindigkeit bei der Datenübertragung vom PC zum Provider an. Versuche, die Werte aus dem Diagramm abzulesen. Trage die Werte dann in die Tabelle ein.

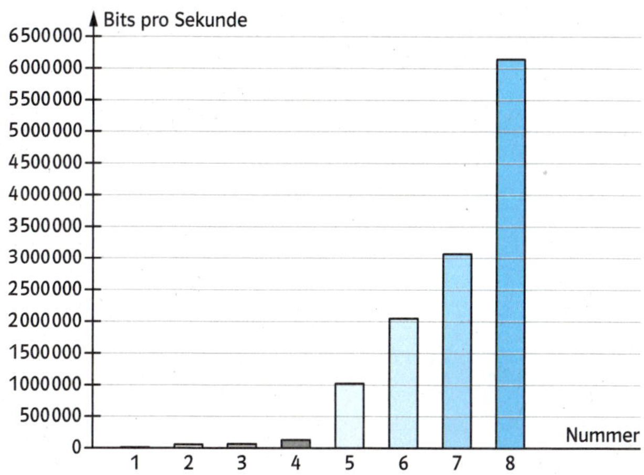

Nr.	Übertragung	Bits pro Sekunde
1	Modem 1. Generation	
2	Modem	
3	ISDN	
4	ISDN Kanalbündelung	
5	DSL 1000	
6	DSL 2000	
7	DSL 3000	
8	DSL 6000	

4 1965 waren Computer noch mit Ferritkernspeichern ausgestattet. Eine Platine mit solchen Speicherelementen hatte bei einer Kapazität von 10 000 Zeichen ein Gewicht von 50 g. Die Platine mit den Speichern war ca. 25 cm breit und 25 cm lang und hatte eine Dicke von 1 cm. Ein PC dagegen hat zum Beispiel einen Speicher für 5 000 000 000 Zeichen.

a. Wie hoch wäre das Gewicht eines Computers mit Ferritkernspeichern der damaligen Zeit gewesen, wenn die Speicherkapazität 5 000 000 000 Zeichen betragen hätte?

b. Wäre dieser Computer dann ungefähr so groß wie ein Kühlschrank, wie dein Klassenzimmer oder wie die Kölnarena gewesen?

Schätzen und runden

1 Runde auf …

a.

Zahl	… Zehner	… Hunderter	… Tausender
765 432			
76 543			
7654			
765			
76			
7			

b.

Zahl	… Zehner	… Hunderter	… Tausender
234 567			
23 456			
2345			
234			
23			
2			

c.

Zahl	Einer	Zehntel	Hundertstel
3,210 987			
3,210 98			
3,2109			
3,210			
3,21			
3,2			

d.

Zahl	Einer	Zehntel	Hundertstel
5,678 901			
5,67 890			
5,6789			
5,678			
5,67			
5,6			

e. Es wurde auf Zehntel gerundet. Welche Zahl könnte es ursprünglich gewesen sein?
1,5 0 9,9 90 7,4

2 Das sind die zehn längsten Flüsse, die durch Deutschland fließen, mit der Länge des Abschnittes, der auch in Deutschland liegt. Ihre Längen sind auf 100 Meter gerundet. Runde die Längen auf 1 km, 5 km, 10 km und 50 km. Trage die gerundeten Werte in die Tabelle ein.

Gerundet auf …	… 100 m	… 1 km	… 5 km	… 10 km	… 50 km
Rhein	865,3 km				
Elbe	727,0 km				
Donau	646,8 km				
Main	524,2 km				
Weser	452,0 km				
Saale	412,7 km				
Spree	381,5 km				
Ems	371,0 km				
Neckar	367,0 km				
Havel	325,1 km				

3 Welche Zahlen sind gerundet, welche nicht? Unterstreiche im nachfolgenden Text die gerundeten Zahlen.

Am 29. Juni 1962 wurde Knies Kinderzoo in Rapperswil in der Schweiz eröffnet. Ab dem 15. März bis einschließlich 31. Oktober ist das kleine Paradies für Kinder täglich von 9 bis 18 Uhr geöffnet. Auf 20 000 Quadratmeter leben 400 Tiere, vom Elefanten bis zum kleinen Wellensittich. Insgesamt sind über 80 Tierarten vertreten. 7 Fisch-, 2 Reptilien-, 43 Vogel- sowie 32 Säugetierarten. Alle Tiere verbrauchen täglich 50 kg Früchte und Gemüse, 80 kg Getreide und Nüsse, 200 kg Kraftfutter, 55 kg Fisch sowie 400 kg Heu. Insgesamt arbeiten 41 Angestellte im Kinderzoo.

4 Schätze folgende Größen und überprüfe, wie genau deine Schätzung ist.

Die Entfernung zwischen München und Hamburg. ______

Die Einwohnerzahl der USA. ______

Anzahl der Fußballvereine in Deutschland. ______

Anzahl der Pferde in Deutschland. ______

Schüler deiner Schule. ______

43 Rauminhalt (Volumen)

1 Gib drei verschiedene andere Darstellungen des Wertes an.

$\frac{1}{2}$ dm³			
0,2 m³			
5000 mm³			
10 hl			

2 Welches Volumen haben diese Quader?

A

V =

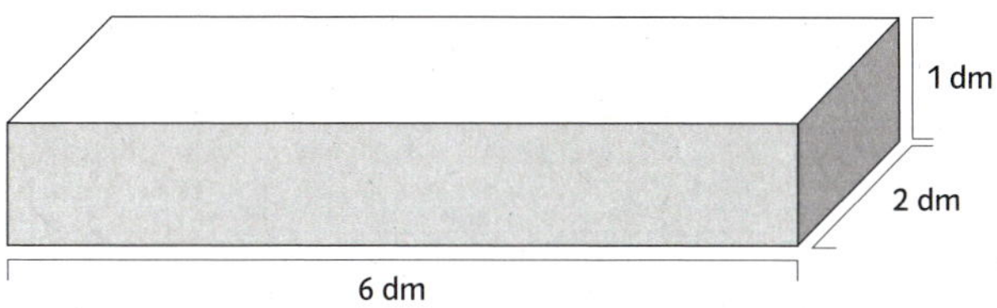

B

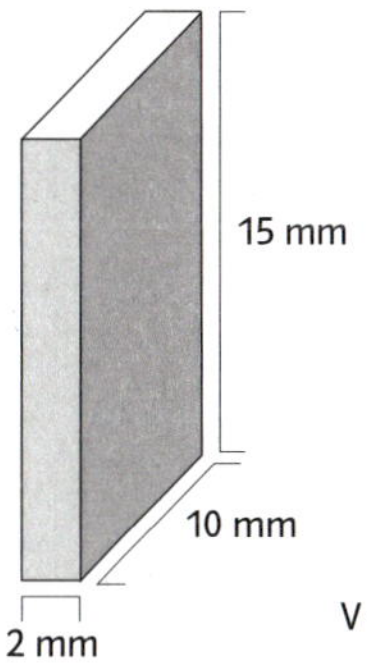

V =

3 Welche Oberfläche haben die Quader aus Aufgabe 2?

A O =

B O =

4 Bestimme den Rauminhalt der folgenden Körper.

A

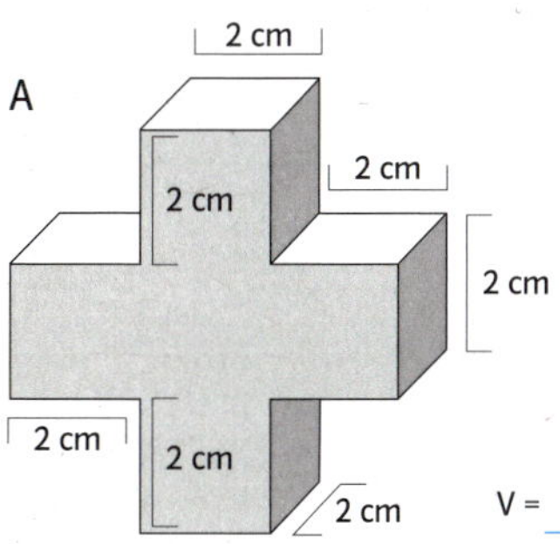

V =

B

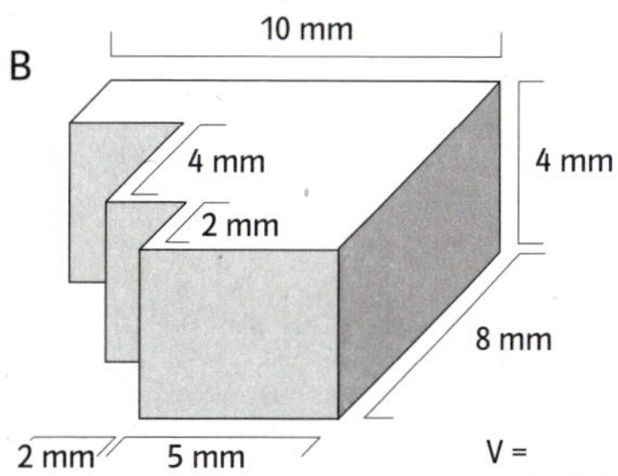

V =

5 Berechne die Oberfläche der Körper aus Aufgabe 4.

T5 Teste dich selbst

- Löse den Test, wenn du im Arbeitsheft die Seiten 72 – 85 bearbeitet hast.
- Nimm, wenn nötig, ein zusätzliches Blatt.
- Kreuze nach jeder Aufgabe an, wie es dir ergangen ist.
- Wenn du mit dem Test fertig bist, kannst du deine Ergebnisse mit den Lösungen auf Seite 95 vergleichen.
- Trifft zu, was du angekreuzt hast?

a Da bin ich sicher. Das kann ich.
b Da bin ich unsicher. Das werde ich weiter üben.
c Das kann ich nicht. Hier brauche ich Hilfe.

1 Wie sehen die vier Ansichten aus?

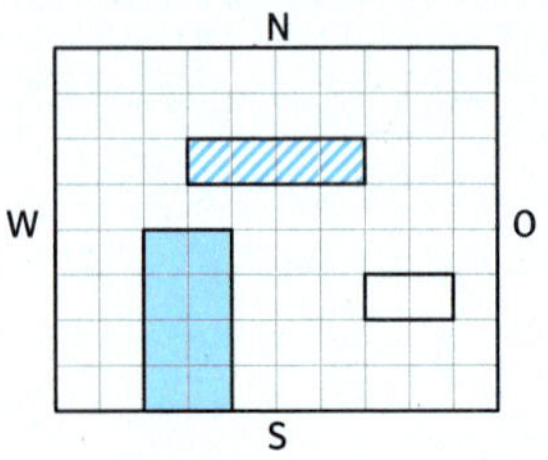

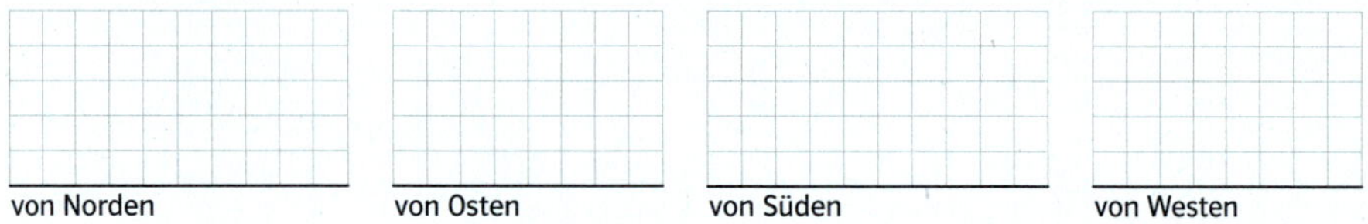

a b c

2

a. Welcher Anteil der Figur ist gefärbt?

b. Ergänze den Würfelkörper zum kleinstmöglichen Quader. Wie viele Würfel benötigst du zusätzlich?

a b c

3 Aus wie vielen Würfeln besteht dieser aus Würfeln zusammengesetzte Körper, der die folgenden Ansichten hat? Gib einen Bauplan an und zeichne den Körper in das Punktraster.

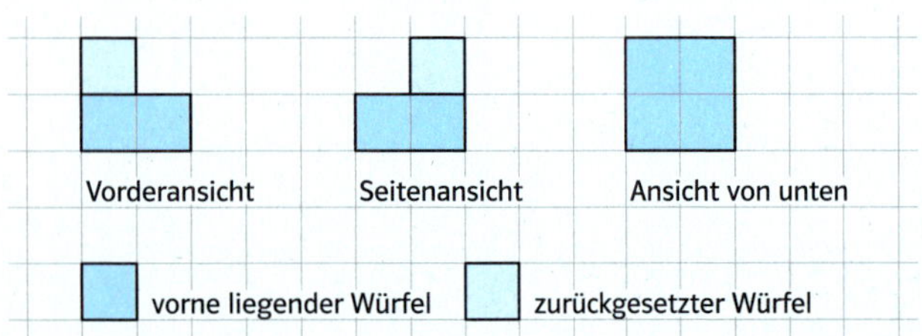

a b c

4 Gib jeweils den Term für die Gesamtlänge der benötigten Schnur an.

A

B

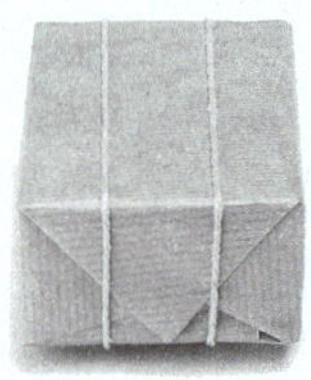

C

a b c

5 Ordne die Zahlen der Größe nach:
3224547575; 656565746; 64564564546; 4646465465; 49864834554; 465465465456

a b c

6 Wie viele Stellen hat die Zahl?

a. 3 Millionen

b. 263 Tausend

c. 98 Milliarden?

a b c

7 Eine Bank wechselt 78 500 000 Cent in 500-€-Noten. Wie viele Geldscheine gibt sie heraus?

a b c

8 Folgende Zahlen wurden auf Zehner gerundet. Wie könnten Sie vorher ausgesehen haben?

a. 70 b. 1010 c. 100

d. Finde auch für jede Zahl ein Beispiel, das sowohl auf Einer als auch auf Zehner gerundet die obigen Zahlen ergeben könnte.

a b c

9 Runde 99,9967 auf Hundertstel, Zehntel, Einer und Zehner. Erkläre deine Beobachtung.

a b c

10 Ein Quader ist 12 cm lang und 4 cm hoch. Seine Breite ist doppelt so groß wie seine Höhe.

Berechne seine Oberfläche und sein Volumen.

a b c

11 Berechne das Volumen eines Würfels, der eine Oberfläche von 150 cm^2 hat.

a b c

44 Besondere natürliche Zahlen

1

a. Kreise alle Quadratzahlen ein.

b. Markiere alle Primzahlen mit einem Kreuz.

101	102	103	104	105	106	107	108	109	110
111	112	113	114	115	116	117	118	119	120
121	122	123	124	125	126	127	128	129	130
131	132	133	134	135	136	137	138	139	140
141	142	143	144	145	146	147	148	149	150
151	152	153	154	155	156	157	158	159	160
161	162	163	164	165	166	167	168	169	170
171	172	173	174	175	176	177	178	179	180
181	182	183	184	185	186	187	188	189	190
191	192	193	194	195	196	197	198	199	200

2 Schreibe als Produkt von Primzahlen.

a. 120 = ______ **b.** 148 = ______ **c.** 169 = ______ **d.** 181 = ______

e. 250 = ______ **f.** 4000 = ______ **g.** 40 000 = ______ **h.** 5120 = ______

3 Welche Quadratzahl liegt am nächsten bei …

50	100	150	200	250	300	350	400

4 Berechne und setze fort.

a.

$3 \cdot 3 - 2 \cdot 2 = 5$ | $3 + 2 =$

$4 \cdot 4 - 3 \cdot 3 = 7$ | $4 + 3 =$

$5 \cdot 5 - 4 \cdot 4 = 9$ | $5 + 4 =$

b.

$3 \cdot 3 =$ | $2 \cdot 4 =$

$4 \cdot 4 =$ | $3 \cdot 5 =$

$5 \cdot 5 =$ | $4 \cdot 6 =$

5 Wähle zwei aufeinanderfolgende Quadratzahlen. Bilde die Summe. Subtrahiere 1. Halbiere dein Ergebnis. Subtrahiere die kleinere der beiden zu Beginn gewählten Quadratzahlen.

a. Wiederhole dasselbe mit anderen aufeinanderfolgenden Quadratzahlen.

b. Was stellst du fest?

45 Jakob Steiner

1 Oft hast du schon Zahlenmauern ausgefüllt. Besteht die Zahlenmauer aus vier Reihen, so hat man insgesamt zehn Kästchen. Fülle die Tabelle aus. Was fällt dir auf?

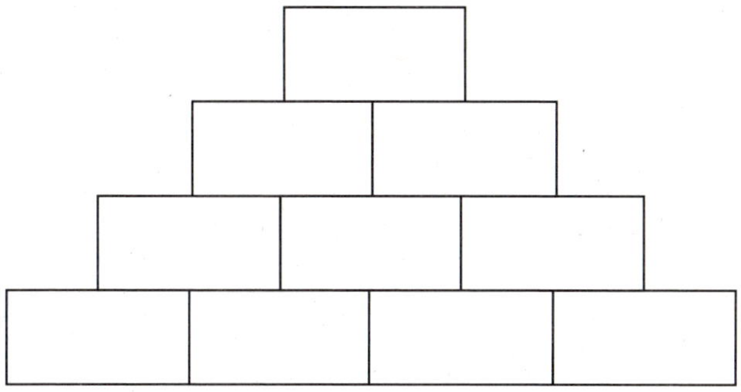

Anzahl Reihen	1	2	3	4	5	6	7
Anzahl Kästchen				10			

2 Bei einer Feier treffen sich vier Freunde. Jeder gibt jedem die Hand. Dann werden sechsmal die Hände geschüttelt. Jetzt sollen sich sechs Freunde treffen und jeder gibt jedem die Hand.

3 Kannst du die Tabelle aus dem Mathematikbuch auch mit einer Tabellenkalkulation erzeugen und vervollständigen?

	A	B	C	D	E	F	G	H	I	J	K	L	M
1	Anzahl Geraden	1	2	3	4	5	6	7	8	9	10	11	12
2	Max. Anzahl Schnittpunkte	0	1	3	6	10							
3	Max. Anzahl Gebiete	2	4	7	11	16							

T1 Teste dich selbst – Lösungen

T1 – Lösungen

1

a. 1 Millionen 17 Tausend 394

b. 1 020 000

c. Es liegen dann zehn Plättchen bei den Zehnern, das geht nicht, deshalb müssen die zehn Zehnerplättchen in ein Hunderterplättchen umgetauscht werden.
Rechnung: **1 017 394 + 10 = 1 017 404**

Millionen M	Hunderttausender HT	Zehntausender ZT	Tausender T	Hunderter H	Zehner Z	Einer E
•		•	••••• ••	••• •	~~••••• •••••~~	••••

d. Die Zahl wird ☒ um 900 kleiner.

2

a. 29 836 **b.** 246 788 **c.** 150 000 **d.** 600

3

600 · 500 = 60 · 5000

4

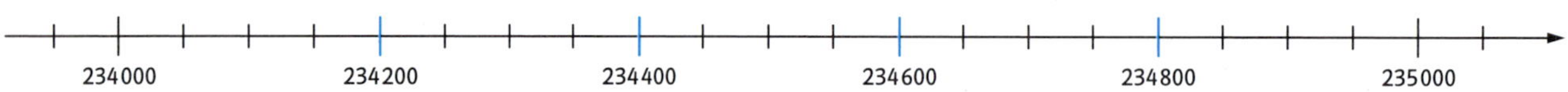

5 ☒ 100 000 Stunden; mögliche Überlegungen: Ein Jahr hat rund 400 Tage, ein Tag hat rund 25 Stunden, das sind dann rund 10 000 Stunden in einem Jahr.
Ich bin 11 Jahre alt, das sind dann rund 110 000 Stunden. 100 000 ist die nächstliegende Zahl hierzu.

6

56 000 : 4 = **14 000**
56 000 : 2 = 28 000
28 000 : 2 = **14 000**

340 000 : 8 = **42 500**
340 000 : 2 = 170 000
170 000 : 2 = 85 000
85 000 : 2 = **42 500**

7

a.
567 + 567 890 − 5678 = 562 779
567 890 − 567 − 5678 = 561 645
5678 + 567 + 567 890 = 574 135
567 890 − 567 + 5678 = 573 001

b.
17 340 : 17 = 1020
17 374 : 17 = 1022
17 376 : 17 = 1022 + 2 : 17
17 393 : 17 = 1023 + 2 : 17

c.
234 · 200 = 46 800
234 · 199 = 46 566
234 · 202 = 47 268
234 · 398 = 93 132

8

·	500	50	5	
70	**35 000**	**3 500**	**350**	**38 850**
9	**4 500**	**450**	**45**	**4995**
	39 500	**3950**	**395**	**43 845**

·	400	**90**	**6**	
70	28 000	6300	**420**	**34 720**
6	**2400**	540	36	**2976**
	30 400	**6 840**	**456**	**37 696**

·	**600**	**50**	**2**	
70	42 000	3500	**140**	45 640
9	**5400**	**450**	18	**5868**
	47 400	**3950**	**158**	**51 508**

·	700	70	**7**	
100	**70 000**	**7000**	700	77 700
20	**14 000**	**1400**	**140**	**15 540**
3	**2100**	210	**21**	**2331**
	86 100	8610	**861**	95 571

T1 T2 Teste dich selbst – Lösungen

9 richtige Rechnung:

a.

2	3	7	·	1	2	0	7
		2	3	7			
			4	7	4		
				1	6	5	9
		2	8	6	0	5	9

Fehler 1: Beim Addieren der drei Zahlen 237(00), 474(0) und 1659 wurde beim Übergang von der Hunderter- zur Tausenderstelle der Übertrag 2 vergessen.
Fehler 2: Die Zahl 1659 muss um eine Stelle nach rechts verschoben werden. Denn sie bedeutet: 237 · 7. Die Ziffernfolge 474 bedeutet eigentlich 47**400**. (Ergebnis aus 237 mal 200), die Ziffernfolge 237 bedeutet eigentlich 237**000** (Ergebnis aus 237 mal 1000).

10

b. 1998 war die Kinderkriminalität am größten. Die Polizei ermittelte gegen 153 000 Kinder.
c. 1998 ermittelte die Polizei gegen 302 000 Jugendliche.
d. Der Unterschied war 2004 am größten. Er betrug 181 000.

T2 – Lösungen

1

a. Quadrate: die dritte und sechste Figur
Trapez: die siebte Figur und alle Quadrate
Parallelogramme: die zehnte Figur und alle Quadrate
Rauten: alle Quadrate
Rechtecke: alle Quadrate

c. Die Flächengrößen 4 kam mit Häufigkeit 1, 6 und 7 kamen mit der Häufigkeit 0 vor, die Größe 8 mit Häufigkeit 2 und die Größe 5 mit Häufigkeit 3. Größe 9 kam mit Häufigkeit 4 vor.

b. 9 kleine Quadrate (kQ); 8 kQ; 4 kQ; 5 kQ; 9 kQ; 8 kQ; 9 kQ; 5 kQ; 5 kQ; 9 kQ

d.

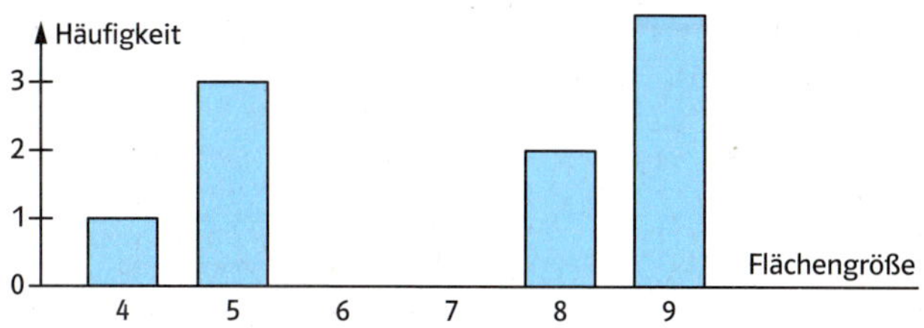

2

a. Zentralwert: 25 €
b. arithmetisches Mittel (gerundet): 25,71 €

3

a. Der sechste Wert ist der Zentralwert.
b. Der zweite Stab hat die Länge 12. Der dritte Stab müsste die Länge 2 haben.

4

a.

Tage	1	2	3	4	8	12	13
Futtermenge in kg	0,800	1,600	2,400	3,200	6,400	9,600	10,400

Eine Packung reicht etwa 12 Tage. (Anmerkung: Das Gewicht kann auch in Gramm berechnet werden!)

b. Frage: Wie viel kostet 1 kg Futter?
Rechnung: 8 € = 800 ct
800 ct : 10 = 80 ct
Antwort: 1 kg Futter kostet 0,80 €.

5 ca. 100-mal
Begründung: Ein Klassenraum ist ca. 10 m lang, ein Fußballfeld ca. 100 m. Also passt er 10-mal in eine Reihe. Wenn man annimmt, dass ein Klassenraum ca. 6 bis 7 m breit ist, dann kann ich mir zehn Reihen solcher Klassenräume nebeneinander vorstellen, denn ein Fußballfeld ist ungefähr 10-mal so breit.

6 Reisezeit: 1 h 20 min, davon 12 min Umsteigezeit, also 1 h 8 min Fahrzeit.
Reisezeit ebenfalls 1 h 20 min, aber nur 4 min Umsteigezeit, also 1 h 16 min Fahrzeit.

7

a. 16 min b. 3 h 35 min 43 s c. 15 h 17 min

8

a. Es wurde auf Zehner gerundet. b. Es wurde auf Hunderter gerundet.
c. Es könnte auf Tausender oder Zehntausender gerundet worden sein.

9 Bei so großen Zahlen macht eine Rundung auf Zehner wenig Sinn, da es ohnehin schwer ist, eine genaue Einwohnerzahl anzugeben, weil diese sich ständig ändert und weil die Rundung in diesem Falle zu einer Vereinfachung der Zahl führen soll, was aber bei einer Rundung auf Zehner nicht der Fall ist.

10

a. 456,7 kg b. 980 km c. 76 l d. 60 m

11

a. 3,56 m b. 17,03 € c. 1,02 l d. 22,008 t

12

a. 13 kg 970 g b. 78,5 hl c. 11,58 € d. 43,61 m e. 71,76 kg f. 1,24 l

T3 – Lösungen

1 $\frac{2}{3}$; $\frac{1}{2}$; $\frac{1}{8}$

2

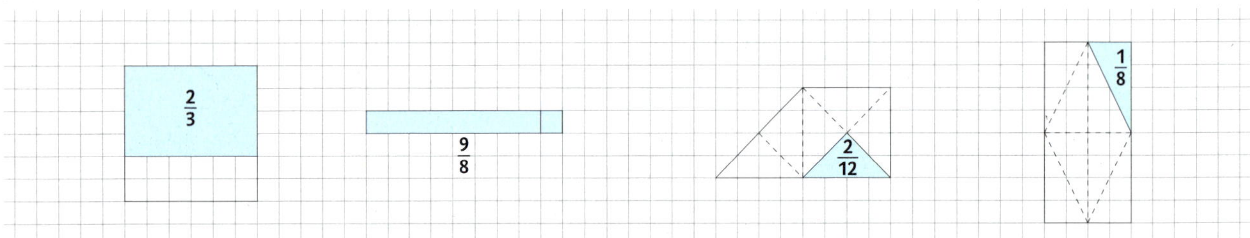

3

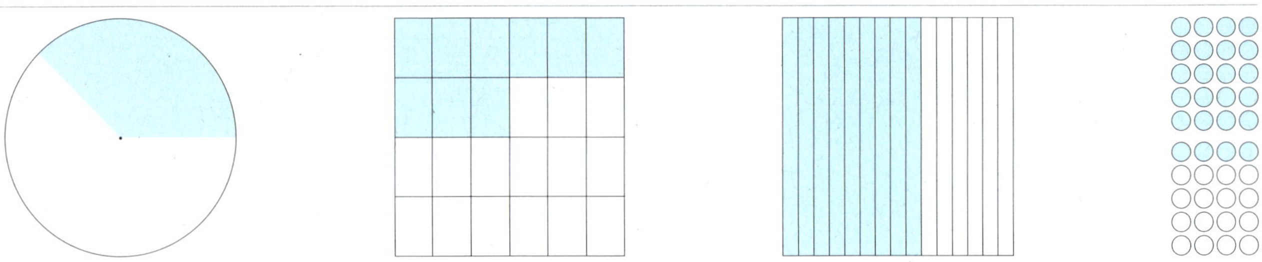

4

a. Die Diagonalen und die Raute durch die Mittelpunkte der Seiten lassen acht gleich große Dreiecke außen und vier gleich große Vierecke innen entstehen.

b. Zeichne ein Quadrat mit seinen Diagonalen rechts an das erste Quadrat. Halbiere die Quadratseiten und markiere die Mittelpunkte. Verbinde die Mittelpunkte so miteinander, dass ein Raute im Quadrat entsteht. Wiederhole diesen Vorgang waagerecht und senkrecht bis eine Postkartenvorlage entstanden ist.

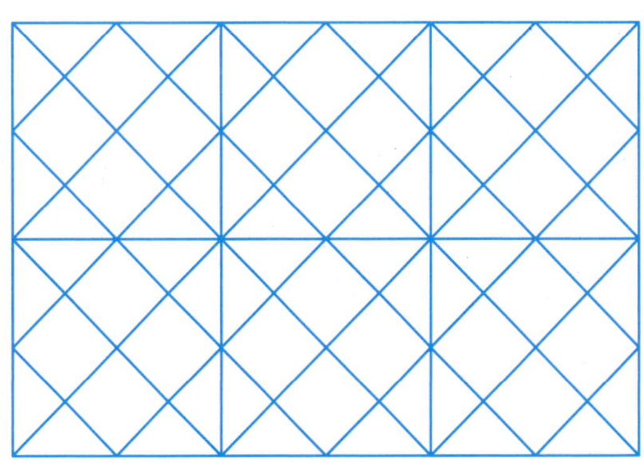

T3 T4 Teste dich selbst – Lösungen

5

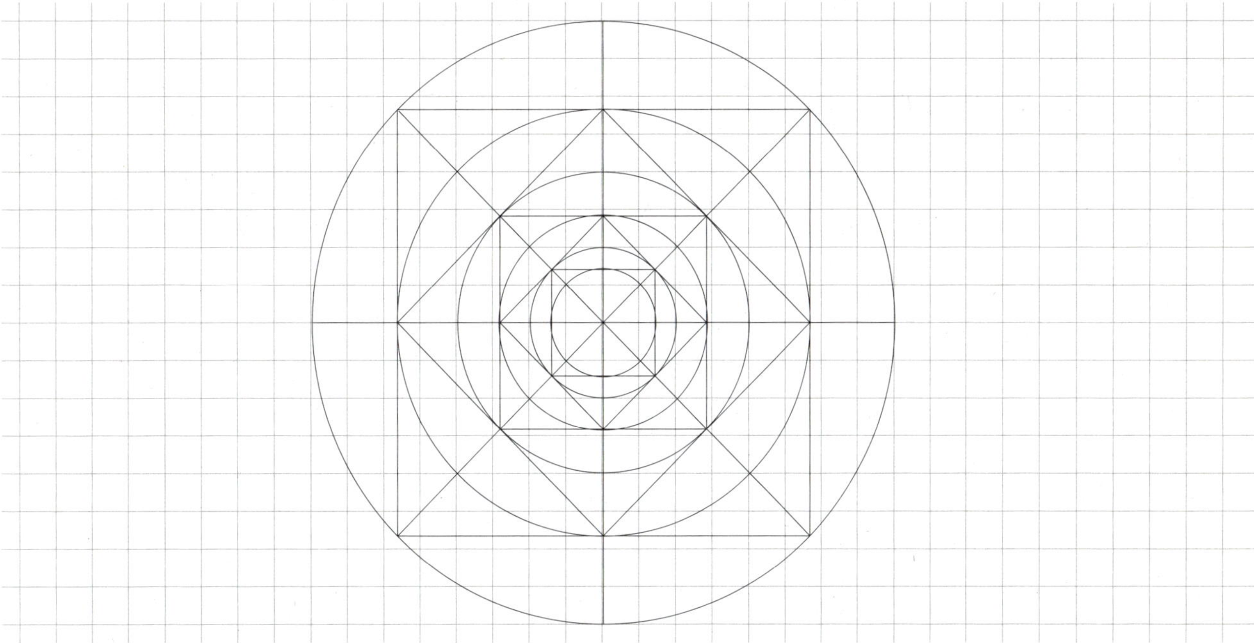

6

a. 2 cm **b.** 1 m **c.** 0,2 mm **d.** 60 m **e.** 800 m

T4 – Lösungen

1

a. 16 000 km Kabel werden in acht Schiffen verbaut. Also rechnet man: 16 000 km : 8 = 2000 km. Somit werden pro Schiff etwa 2000 km Kabel verbaut.

b. An einem Schiff sind ca. 12 000 Menschen beteiligt. Somit wären 8 · 12 000 = 96 000 Menschen an acht Schiffen beteilgt.

c. Marco berechnet, wie groß ein Fußballfeld ist.

2

a. Unterrichtsschluss ist in 5 Minuten.

b. Mike muss noch 700 ml (oder 0,7 l) trinken.

c. Der Golfball flog 300 m weit.

3 Mögliche Aufteilung:
Nina: Obst 1500 g, Schokolade 200 g, Chips 75 g, Kräuter 50 g Laura: Gemüse 1040 g, Milch 1000 g

4

a. „Ich habe 48 ~~mit~~ **durch** 6 dividiert."

b. „Dann habe ich das Ergebnis **mit** 4 multipliziert."

c. „Am Ende habe ich ~~das~~ **vom** Ergebnis ~~mit~~ 2 subtrahiert."

5 Man erhält immer 9.

6

a. Sarah hat nicht Recht. Nur wenn man die 1 einsetzt, erhält man 2. Wenn man aber z. B. 2 einsetzt, erhält man 3, setzt man 3 ein, erhält man 4 usw.

b. Sarah hat sich die 1 gedacht.

c. Es gibt verschiedene Möglichkeiten, z. B.: Denke dir eine Zahl, multipliziere sie mit 6, addiere 3, dividiere das Ergebnis durch 3, **addiere 1 und subtrahiere das Doppelte deiner gedachten Zahl.**

T4 Teste dich selbst – Lösungen

7

a. z kann 0; 1; 2; 3 oder 4 sein.

b. z kann 7; 8; 9; … sein. (z muss größer als 6 sein)

c. z kann 0; 1; 2; … 19 sein.

d. z kann nur 98 sein.

e. z kann nur 4 sein.

f. z kann 21; 14; 7 oder 0 sein.

g. z kann nur 33 sein.

8

a. 36 —(· 2)→ 72 —(· 5)→ 360

b. 1 —(+ 60)→ 61 —(· 60)→ 3660 —(– 60)→ 3600 —(: 60)→ 60

c. Ich erhalte das Ergebnis, indem ich 36 mit 10 multipliziere.

d. Denke dir eine Zahl, addiere 60, multipliziere das Ergebnis mit 60, subtrahiere 60 und dividiere anschließend diese Zahl durch 60.

e. Sehr viele unterschiedliche Lösungsmöglichkeiten.

f. Die Zahl 1500 wurde versteckt.

9 Für viele der Zahlen gibt es mehr als ein Versteck. Mögliche Verstecke sind:

((2 – 1) · (4 – 3))	= 1	((4 · 3) – (2 – 1))	= 11	(((3 + 2) · 4) + 1)	= 21
((2 : 1) · (4 – 3))	= 2	((4 · 3) · (2 – 1))	= 12	(2 · ((3 · 4) – 1))	= 22
((4 – 1) · (3 – 2))	= 3	((4 · 3) + (2 – 1))	= 13	(((4 · 3) · 2) – 1)	= 23
((4 · (3 – 2)) · 1)	= 4	((4 · 3) + (2 : 1))	= 14	(((4 · 3) · 2) : 1)	= 24
(4 · (3 – 2)) + 1)	= 5	(((4 + 3) · 2) + 1)	= 15	(((4 · 3) · 2) + 1)	= 25
((4 · 3) : (2 : 1))	= 6	(2 · (4 · (3 – 1)))	= 16	(2 · ((4 · 3) + 1))	= 26
(4 + (3 · (2 – 1)))	= 7	(((4 + 2) · 3) – 1)	= 17	(3 · ((4 · 2) + 1))	= 27
((4 + 3) + (2 – 1))	= 8	(((4 + 2) · 3) : 1)	= 18	(4 · ((3 · 2) + 1))	= 28
((4 + 3) + (2 : 1))	= 9	(((3 + 2) · 4) – 1)	= 19	(3 · (4 + 1) · 2)	= 30
4 + 3 + 2 + 1	= 10	((3 + 2) · 4) : 1)	= 20	(4 · (3 + 1) · 2)	= 32

Die Zahl 36 ist die größte Zahl, die man verstecken kann: ((4 · 3) · (2 + 1)) = 36

10

a. 9,4; 9,8; 10,2

b. 37,7; 38,1; 38,5; 38,9; 39,3; 39,7; 40,1

c. 76,95; 77,35; 77,75; 78,15; 78,55; 78,95; 79,35; 79,75; 80,15

11 Verschiedene Lösungen möglich.

a.

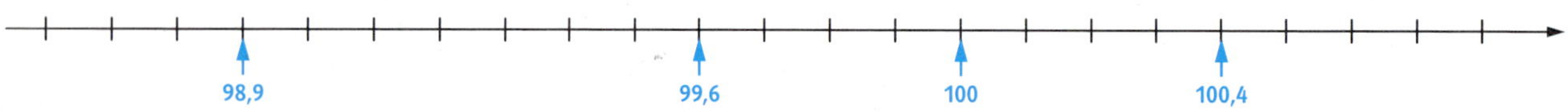

b.

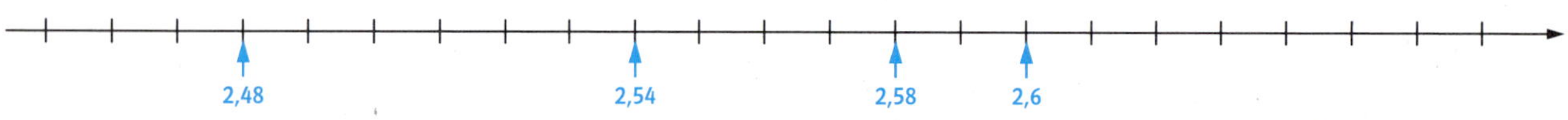

c.

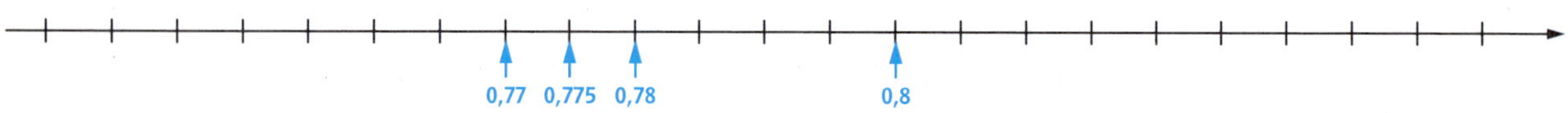

Das Mathematikbuch 5

Lösungen zum Arbeitsheft

Beilage zur ISBN 978-3-12-700152-5

Zeichnungen/Illustrationen, Satz/DTP: Satzkiste GbR, Stuttgart

1 Ornamente

1

a.

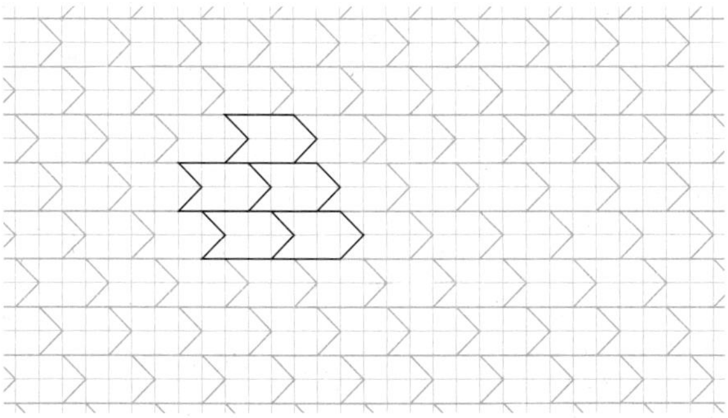

b.

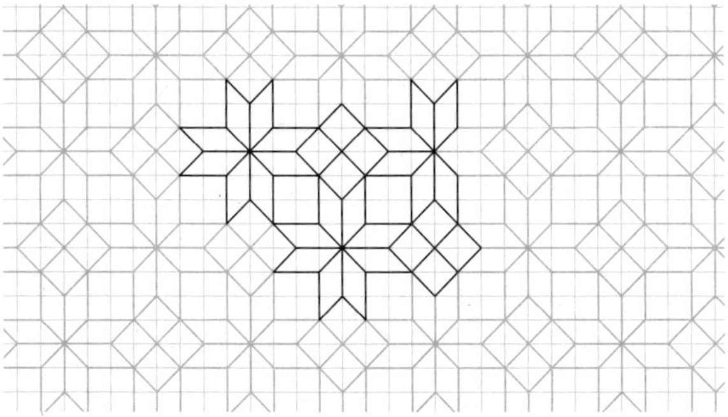

c.

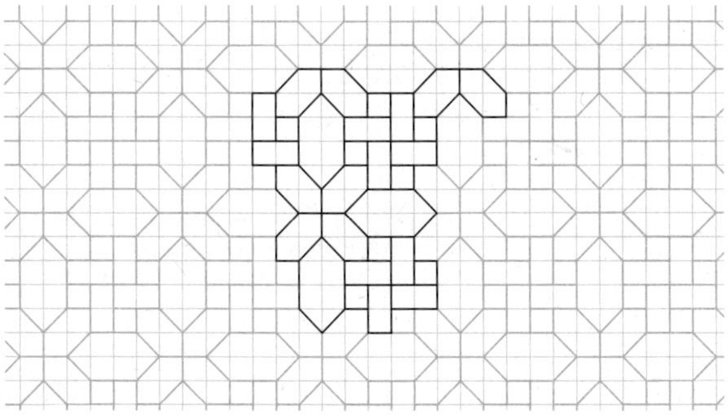

d.

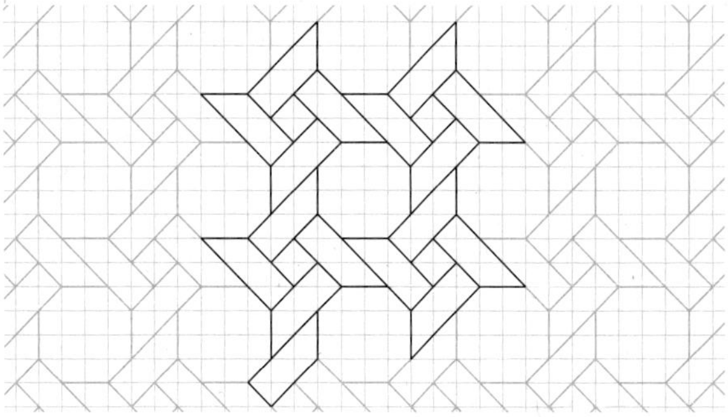

2

a.

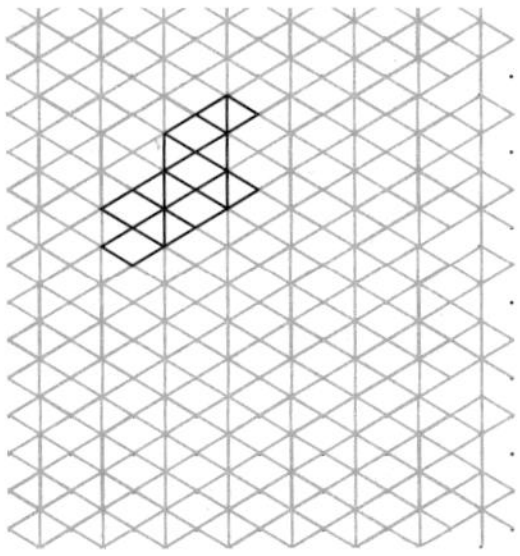

b.

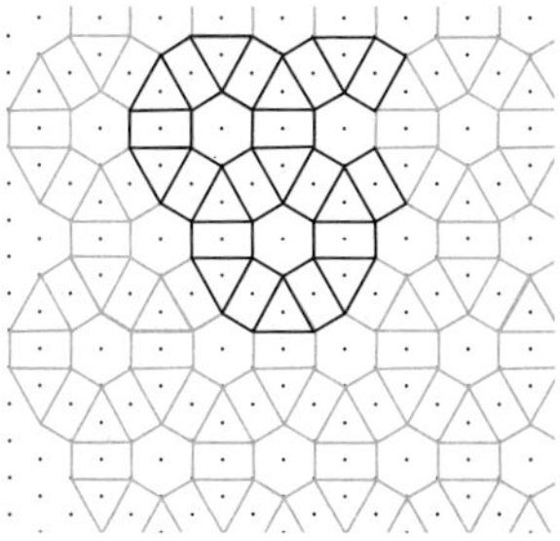

2 Größen bei Flugzeugen

1 Unterschiede der Nutzlasten.

	A 319	A 320	A 380	A 321	A 340 – 600
A 319		3 t 600 kg	53 t 900 kg	7 t 300 kg	35 t 200 kg
A 320	3 t 600 kg		50 t 300 kg	3 t 700 kg	31 t 600 kg
A 380	53 t 900 kg	50 t 300 kg		46 t 600 kg	18 t 700 kg
A 321	7 t 300 kg	3 t 700 kg	46 t 600 kg		27 t 900 kg
A 340 – 600	35 t 200 kg	31 t 600 kg	18 t 700 kg	27 t 900 kg	

2

a.

Ziel	Treibstoffverbrauch
Amsterdam	5500 l
Athen	28 600 l
Berlin	6600 l
Brüssel	5500 l
Budapest	11 000 l
Kopenhagen	8800 l
Lissabon	25 300 l
London	7700 l
Madrid	19 800 l
Oslo	15 400 l
Paris	6600 l
Prag	5500 l
Rom	14 300 l
Stockholm	15 400 l
Wien	7700 l

b. Er kann mit vollem Tank ca. 17 809 km weit fliegen. Das sind 3549 km mehr als angegeben.

3 2 808 000 km 226 800 min = 3780 h = 157 Tage 12 h

4 414 000 km 31 500 min = 525 h = 21 Tage 21 h

3 Größen bei Bienen

1 Die Seitenlänge einer Zelle beträgt ungefähr 4,5 mm.

2

a. Z. B. blau (b, c) und eingerahmt: Sie können in einer Sekunde 6 m weit fliegen.
rot (d): 100 Bienen; 5 g Nektar; verbrauchen 2 g; die Sammelbiene 20 Ausflüge

b.

Strecke	300 m	600 m	900 m	1200 m	1500 m
Zeit	50 s	100 s = 1 min 40 s	150 s = 2 min 30 s	200 s = 3 min 20 s	250 s = 4 min 10 s

c.

Zeit	1 s	2 s	5 s	10 s	50 s	100 s	200 s	500 s
Strecke	6 m	12 m	30 m	60 m	300 m	600 m	1200 m = 1 km 200 m	3000 m = 3 km

d. Anzahl der Sammeltage: 7

Anzahl Bienen	10	1000	10 000
Anzahl Ausflüge	1400	140 000	1 400 000
gesammelter Nektar	70 g	7000 g	70 000 g
verbrauchter Nektar	28 g	2800 g	28 000 g
Nektar für Honig	42 g	4200 g	42 000 g
Honig	14 g	1400 g	14 000 g

e. Anzahl der Sammeltage: 30

Anzahl Bienen	10	1000	10 000
Anzahl Ausflüge	6000	600 000	6 000 000
gesammelter Nektar	300 g	30 000 g	300 000 g
verbrauchter Nektar	120 g	12 000 g	120 000 g
Nektar für Honig	180 g	18 000 g	180 000 g
Honig	60 g	6000 g	60 000 g

f. Anzahl der Sammeltage: 150

Anzahl Bienen	10	1000	10 000
Anzahl Ausflüge	30 000	3 000 000	30 000 000
gesammelter Nektar	1500 g	150 000 g	1 500 000 g
verbrauchter Nektar	600 g	60 000 g	600 000 g
Nektar für Honig	900 g	90 000 g	900 000 g
Honig	300 g	30 000 g	300 000 g

3

Nektarmenge	1 g	2 g	3 g	4 g	5 g
Anzahl Rotkleeköpfe	125	250	375	500	625

Rechentraining

1

a. 3 456 789

b.

ein Plättchen um zwei Stellen verschoben	Die Zahl wird	
2 466 789	um	990 000 kleiner
4 446 789	um	990 000 größer
3 357 789	um	99 000 kleiner
3 555 789	um	99 000 größer
3 446 889	um	9900 kleiner
3 466 689	um	9900 größer
3 455 799	um	990 kleiner
3 457 779	um	990 größer
3 456 888	um	99 größer

2

a. Es kommen die Zahlen 459 876 und 460 123 infrage. Die Zahl 460 123 ist die nächstliegende.

b. Mögliche Lösungen sind

größere Zahl	kleinere Zahl	Unterschied
98 765	12 340	86 425
98 765	21 340	77 425
89 765	12 340	77 425
87 965	12 340	75 625
85 679	14 230	71 449
95 678	24 310	71 368

c. Mögliche Lösungen sind

größere Zahl	kleinere Zahl	Unterschied
50123	49876	247
50123	49678	445
50213	49768	445
50312	49867	445
50312	49876	436
50213	49786	427

d. Mögliche Lösungen:
47196 + 52803 = 99999 42896 + 57103 = 99999
(Die Ziffern lassen sich stellenweise vertauschen.)

3

a. Die markierten Zahlen lauten: 150000; 320000; 560000; 730000; 890000; 1280000.

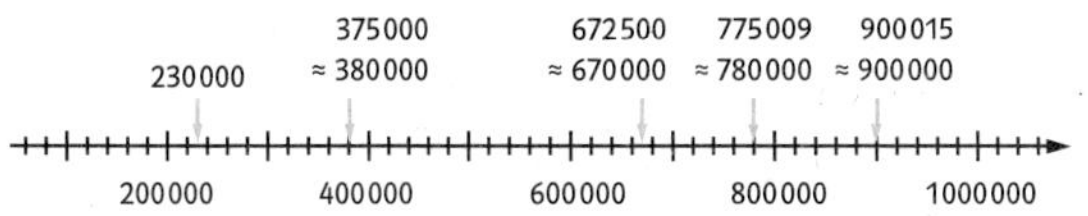

Wenn man von 960000 in 50000er-Schritten rückwärts geht, erhält man die Zahlen 960000; 910000; 860000; 810000; 760000; 710000 usw. bis 10000.

b. Fehlende Zahlen: 12000; 14000; 16000; 18000; 20000; 22000; 24000; 26000; 28000; ... bis 76000
Wenn man von 14000 in 2000er-Schritten vorwärts geht erhält man die Zahlen 14000; 16000; 18000; 20000; 22000; 24000; 26000 usw. bis 50000.
Wenn man von 12000 in 4000er-Schritten vorwärst geht, erhält man die Zahlen 12000; 16000; 20000; 24000; 28000; 32000; 36000; usw. bis 48000.

c.

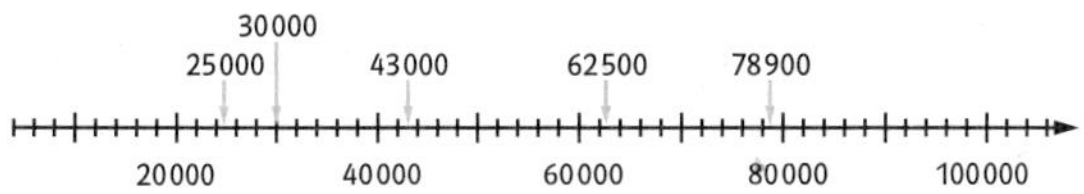

4

a. 500; 400; 300; 200; 100; 0
500; 450; 400; 350; 300; 250; 200; 150; 100; 50; 0
500000; 400000; 300000; 200000; 100000; 0
500000; 450000; 400000; 350000; 300000; 250000; 200000; 150000; 100000; 50000; 0
250; 500; 750; 1000; 1250; 1500; 1750; 2000; 2250; 2500; 2750; ...
2500; 5000; 7500; 10000; 12500; 15000; 17500; 20000; 22500; 25000; 27500; ...
250000; 500000; 750000; 1000000; 1250000; 1500000; 1750000; 2000000; 2250000; 2500000; 2750000; ...
1000; 980; 960; 940; 920; 900; 880; 860; 840; 820; 800; ...
10000; 9980; 9960; 9940; 9920; 9900; 9880; 9860; 9840; 9820; 9800; ...
100000; 99980; 99960; 99940; 99920; 99900; 99880; 99860; 99840; 99820; 99800; ...
5000; 4995; 4990; 4985; 4980; 4975; 4970; 4965; 4960; 4955; 4950; ...
50000; 49500; 49000; 48500; 48000; 47500; 47000; 46500; 46000; 45500; 45000; ...

b. 1000; 1200; 1400; 1600; 1800; 2000
6000; 6250; 6500; 6750; 7000
20000; 22500; 25000; 27500; 30000; 32500; 35000; 37500; 40000
400000; 420000; 440000; 460000; 480000; 500000; 520000; 540000; 560000; 580000; 600000

5 100 = 50 + 50 = 75 + 25 = 45 + 55 = 92 + 8 = 29 + 71
1000 = 600 + 400 = 750 + 250 = 450 + 550 = 920 + 80 = 290 + 710
10000 = 6000 + 4000 = 7500 + 2500 = 4500 + 5500 = 9200 + 800 = 2900 + 7100
100000 = 56000 + 44000 = 37500 + 62500 = 84500 + 15500 = 49200 + 50800 = 62900 + 37100
1000000 = 560000 + 440000 = 375000 + 625000 = 845000 + 155000 = 492000 + 508000 = 629000 + 371000

6

Zahl	100	110	120	10000	11000	12000	330	330000
das Doppelte	200	220	240	20000	22000	24000	660	660000
das Vierfache	400	440	480	40000	44000	48000	1320	1320000

7

Zahl	500	700	900	500000	700000	900000	560	580
die Hälfte	250	350	450	250000	350000	450000	280	290
das Viertel	125	175	225	125000	175000	225000	140	145

8

Start	+ 30000 →	− 3000 →	+ 80000 →	− 7000 → Ziel
33000	63000	60000	140000	133000
288000	318000	315000	395000	388000
797000	827000	824000	904000	897000

9

999	990	900	0
9999	9990	9900	9000
99999	99990	99900	99000

10

1591	2301	2706	470004
15991	23901	36006	470031
159991	239901	369006	470301

11

2 Stellen	2 Stellen	2 Stellen	2 Stellen	2 Stellen
3 Stellen	5 Stellen	4 Stellen	3 Stellen	5 Stellen
4 Stellen	3 Stellen	3 Stellen	5 Stellen	3 Stellen
5 Stellen	4 Stellen	6 Stellen	4 Stellen	4 Stellen

1 Stelle	1 Stelle	1 Stelle	1 Stelle	1 Stelle
2 Stellen	2 Stellen	3 Stellen	2 Stellen	1 Stelle
1 Stelle	1 Stelle	1 Stelle	3 Stellen	2 Stellen
3 Stellen	3 Stellen	2 Stellen	1 Stelle	3 Stellen

12

a. 15 462 < 51 462 < 105 246 < 150 264 < 501 624 < 510 642
b. 135 640 < 153 640 < 315 406 < 351 406 < 513 046 < 531 046

13

	135 246	345 005	345 050	345 999	654 099	654 654	789 789
Z	135 250	345 010	345 050	346 000	654 100	654 650	789 790
H	135 200	345 000	345 100	346 000	654 100	654 700	789 800
T	135 000	345 000	345 000	346 000	654 000	655 000	790 000
ZT	140 000	350 000	350 000	350 000	650 000	650 000	790 000
HT	100 000	300 000	300 000	300 000	700 000	700 000	800 000

14

a. Tim subtrahiert von der nächstliegenden Zehntausenderzahl und anschließend wieder die Differenz zwischen der größeren Zehntausenderzahl und der eigentlichen Zahl.
Larissa subtrahiert die nächstliegende Zehntausenderzahl und addiert anschließend wieder die Differenz zwischen der größeren Zehntausenderzahl und der eigentlichen Zahl.
Paul subtrahiert in zwei Schritten, zuerst bis zur nächstkleineren Zehntausenderzahl.

15

a. 3800 − 900 = 2900
2900 − 1400 = 1500
1500 + 5800 = 7300
7300 − 3400 = 3900
3900 + 1100 = 5000
5000 − 1700 = 3300

b. 48 700 − 13 000 = 35 700
35 700 + 21 000 = 56 700
56 700 − 7000 = 49 700
49 700 + 15 000 = 64 700
64 700 − 28 000 = 36 700
36 700 − 19 000 = 17 700

16 20 · 300 = 200 · 30, weil beide Ergebnisse 4 Stellen haben
2000 · 30 = 200 · 300, weil beide Ergebnisse 5 Stellen haben
200 · 30 000 hat 7 Stellen

4000 · 60 = 8000 · 30 = 240 000
800 · 3000 = 400 · 6000 = 2 400 000
40 · 600 000 = 24 000 000

56 000 : 8000 = 5600 : 800, weil beide Ergebnisse nur 1 Stelle haben.
560 000 : 8000 = 56 000 : 800, weil beide Ergebnisse 2 Stellen haben.
56 000 : 80 hat 3 Stellen.

17

Zahl	88 880	4440	444 444	40 404	80 808	84 848	480 480
das Doppelte	177 760	8880	888 888	80 808	161 616	169 696	960 960
das Vierfache	355 520	17 760	1 777 776	161 616	323 232	339 392	1 921 920

Zahl	33 300	16 650	30 330	1 516 500	30 030	1 500 150	330 000
der zehnte Teil	3330	1665	3033	151 650	3003	150 015	33 000
der fünfte Teil	6660	3330	6066	303 300	6006	300 030	66 000

18

a. 25 000 · 5 = 5000
5000 · 50 = 250 000
250 000 : 500 = 500
500 · 5 = 2500
2500 · 20 = 50 000
50 000 · 500 = 100

b. 36 600 : 60 = 600
600 · 30 = 18 000
18 000 : 600 = 30
30 · 6000 = 180 000
180 000 · 3000 = 60
60 · 30 = 1800

c. 560 000 : 800 = 700
700 + 55 300 = 56 000
56 000 : 8 = 7000
7000 − 1400 = 5600
5600 : 80 = 70
70 · 8 = 560

d. 5400 : 60 = 90
90 · 600 = 54 000
54 000 − 45 000 = 9000
900 · 60 = 540 000
540 000 : 60 000 = 9
9 + 45 = 54

19 Leon und Lars machen Fehler.
Leon zieht zuerst 1 zuviel ab, also müsste er am Ende wieder 1 addieren und nicht subtrahieren.
Richtig wäre also: 13 400 − 10 000 = 3400
3400 + 1 = **3401**
Lars lässt zuerst die Hunderttausender weg, also müsste er sie am Ende wieder addieren. Er vergisst aber den Hundertausender von den 128 000.
Richtig wäre also: 80 000 + 28 000 = 108 000
108 000 + 200 000 = 308 000
308 000 + 100 000 = **408 000**

20 10 Tage
Rechnung: eine Stunde hat 3600 Sekunden
Ein Tag hat 24 · 3600 Sekunden = 86 400 Sekunden
In 10 Tagen käme man dann bis 864 000.
10 Tage passt also am besten.

21 So kannst du vorgehen:
Schlag eine beliebige Seite in einem von Dir gewählten Band auf. Du kannst jetzt die Anzahl der Buchstaben in einer Zeile zählen, dann die Anzahl der Zeilen auf einer Seite. Am einfachsten ist es, wenn du beide Zahlen auf Zehner genau rundest. Jetzt kannst du sie leicht multiplizieren. Damit weißt du, wie viele Buchstaben ungefähr auf einer Seite stehen. Jetzt schaust du nach, wie viele Seiten das Buch hat. Auch diese Zahl rundest du am besten. Multipliziere die Anzahl der Buchstaben auf einer Seite mit der Anzahl der Seiten im Buch und schon weißt du ungefähr, wie viele es sind. Je nachdem, wie dick dein gewählter Band ist, kann dein Ergebnis näher an 500 000 oder näher an 1 000 000 liegen.

22

a. 9876 + 98765 + 987654 = 1096295
1096295 − 789 − 67890 = 1027616
1027616 + 19 − 135790 = 891845
891845 − 1234 − 123456 = 767155
767155 + 9 + 99 = 767263
767263 − 264 − 67000 = 699999

b. 567765 − 9889 − 101 = 557775
557775 − 123321 − 8998 = 425456
425456 − 76567 + 1221 = 350110
350110 − 299992 + 929 = 51047
51047 + 555555 − 567765 = 38837
38837 + 678876 + 1005 = 718718

c. 1212 + 989898 − 1210 = 989900
989900 − 898989 − 11111 = 79800
79800 + 798 + 798798 = 879396
879396 − 5555 − 555555 = 318286
318286 − 1999 − 299999 = 16288
16288 + 712 + 171 = 17171

23 10000

45 + 9955	123 + 9877	1233 + 8767	7655 + 2345
55 + 9945	1112 + 8888	2222 + 7778	9909 + 81

24

a.	b.	c.
4 Stellen	5 Stellen	3 Stellen
4 Stellen	5 Stellen	4 Stellen
5 Stellen	5 Stellen	5 Stellen
6 Stellen	6 Stellen	5 Stellen
5 Stellen	6 Stellen	5 Stellen

d.	e.
3 Stellen	4 Stellen
4 Stellen	3 Stellen
3 Stellen	5 Stellen
5 Stellen	4 Stellen
6 Stellen	3 Stellen

Beispiele für Begründungen:

400 · 300 4 mal 3 ist 12, daran werden 4 Nullen angefügt, das sind dann 6 Stellen.

36 · 22 Eine Überschlagsrechnung ergibt: 40 · 22 = 880. Das Ergebnis ist etwas kleiner, also hat das Ergebnis 3 Stellen.

692300 : 7 Eine Überschlagsrechung ergibt: 700000 : 7 = 100000. Das Ergebnis ist etwas kleiner, also sind es 5 Stellen.

102600 : 60 Eine Überschlagsrechnung ergibt: 100000 : 100 = 1000. Das Ergebnis ist größer, also sind es 4 Stellen.

25

a.
1001
2002
3003
4004
77 · 65 = 5005
77 · 78 = 6006
77 · 91 = 7007
77 · 104 = 8008
77 · 117 = 9009

b.
111111
222222
333333
444444
37037 · 15 = 555555
37037 · 18 = 666666
37037 · 21 = 777777
37037 · 24 = 888888
37037 · 27 = 999999

c.
9
98
987
9876
12345 · 8 + 5 = 98765
123456 · 8 + 6 = 987654
1234567 · 8 + 7 = 9876543
12345678 · 8 + 8 = 98765432
123456789 · 8 + 9 = 987654321

d.
11
111
1111
11111
12345 · 9 + 6 = 111111
123456 · 9 + 7 = 1111111
1234567 · 9 + 8 = 11111111
12345678 · 9 + 9 = 111111111

e.
1222
2333
3444
4555
16998 : 3 = 5666
13554 : 2 = 6777
7888 : 1 = 7888

26 Die Differenz ist immer 1.

Fortsetzung:	67 · 67	78 · 78	89 · 89
	66 · 68	77 · 79	88 · 90

27

a.

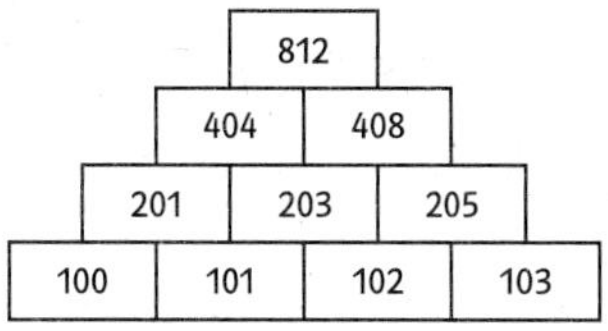

b. In der zweiten Reihe stehen immer drei aufeinanderfolgende ungerade Zahlen. In der dritten Reihe stehen immer zwei aufeinanderfolgende Zahlen aus der 4-er-Reihe. Im oberen Stein steht immer eine Zahl, die man durch 4 (aber nicht duch 8) teilen kann.

c. Oben können die Zahlen 900, 908 und 1028 stehen.

d. Es gibt 5 verschiedene Ergebnisse: 808, 810, 812, 814, 816.

28 Die erste und dritte Zahlenmauer lassen sich lösen.

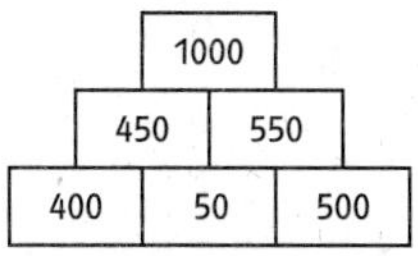

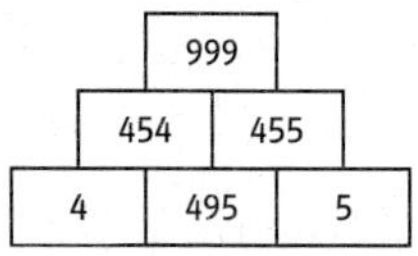

Mögliche Beobachtung: Wenn du die beiden Zahlen in den äußeren unteren Feldern und das Doppelte des mittleren unteren Bausteines addierst, dann erhältst du die Zahl im oberen Baustein. Dies liegt daran, dass die Zahl im mittleren Baustein zweimal addiert wird: einmal zur Zahl links unten und einmal zur Zahl rechts unten.

29

a. Im oberen Baustein steht die Zahl 144 000. Hättest du gedacht, dass die Zahl so groß ist?

b. Was dir auffallen könnte:

144 000

240 | 600

12 | 20 | 30

3 | 4 | 5 | 6

Alle Zahlen ab der zweiten Reihe sind gerade.
Die Zahlen wachsen nach oben sehr stark an.
Der Unterschied zwischen zwei Zahlen in der zweiten Reihe ist immer doppelt so groß wie die Zahl direkt darunter.
Der Unterschied zwischen der zweiten und dritten Zahl der zweiten Reihe ist immer um 2 größer als der Unterschied zwischen den beiden ersten Zahlen in dieser Reihe.

c. Das größte Ergebnis ist 324 000. Das kleinste Ergebnis ist 51 840.

30

A	B	C	D	E
594	4770	817	624 375	100 299

31 Fehler sind in den Aufgaben a, b und c passiert, Aufgabe d wurde richtig gelöst, denn alle Zahlen stehen an der richtigen Stelle: 912 steht für 912 Hunderter, 456 steht für 456 Einer und 1386 steht für 1386 Zehner.

Fehler bei a.:
Die Zahl 319 steht an der Zehnerstelle, das bedeutet, sie steht für das Ergebnis aus 319 · 10 = 319 Zehner. Sie muss aber an die Einerstelle. Denn 319 muss das Ergebnis aus 319 · 1 sein. Das richtige Endergebnis lautet: 13 079.

Fehler bei b.:
Bei der Multiplikation 604 · 2 wurde im Ergebnis eine 0 vergessen: Es ist nicht 128, sondern 1208. Das richtige Endergebnis lautet 19 328.

Fehler bei c.:
Die Zahl 714 steht an der falschen Stelle, denn sie muss als Ergebnis aus der Multiplikation 357 · 200 = 71 400 = 714 Hunderter stehen. Hier wurde stattdessen 357 nur mit 20 multipliziert und steht damit nur für 714 Zehner. Das richtige Endergebnis lautet: 74 613.

32

a. 3775
3776
Das zweite Ergebnis ist um 1 größer als das erste, weil 56 640 um 15 größer ist als 56 625.

b. 3152
3154
Das zweite Ergebnis ist um 21 größer als das erste, weil 37 848 um 24 größer ist als 37 824.

c. 2185
2189
Das zweite Ergebnis ist um 4 größer als das erste, weil 54 725 um 100 größer ist als 54 625.

d. 4015
4014
Das zweite Ergebnis ist um 1 kleiner als das erste, weil 76 266 um 19 kleiner ist als 76 285.

33

a.

```
3 2 4 9 6 : 16 = 2 3 1
3 2 ↓ ↓
  0 4 9
  0 4 8
      1 6
      1 6
        0
```

Man muss zuerst 4 durch 16 teilen. Sie passt 0 mal, der Rest ist 4. Im Ergebnis fehlt deshalb eine 0. Das richtige Ergebnis lautet 2031.

b. Fehler: Die letzte Null wurde vergessen. Das richtige Ergebnis lautet: 3200.

34

a. 0 + 12 = 1 + 11 = 2 + 10 = 3 + 9 = 4 + 8 = 5 + 7 = 6 + 6
Es gibt 7 Möglichkeiten, wenn man von der Vertauschung der Summanden absieht.

b. 12 − 0 = 13 − 1 = 14 − 2 = 15 − 3 = …
Man kann nicht alle Möglichkeiten aufschreiben, weil man beide Zahlen immer wieder um 1 vergrößern kann.

c. 1 · 12 = 2 · 6 = 3 · 4
Es gibt 3 Möglichkeiten, wenn man von der Vertauschung der Faktoren absieht.

d. 12 : 1 = 24 : 2 = 36 : 3 = 48 : 4 = …
Man kann nicht alle Möglichkeiten aufschreiben, weil man den Teiler immer wieder um 1 vergrößern kann und gleichzeitig die erste Zahl um 12.

35

a. Carlas Rechnung ist richtig, weil es das gleiche ist wenn man 16 mit 5 multipliziert oder 16 zuerst mit 10 multipliziere und dieses Ergebnis anschließend durch 2 teilt.

b. Man kann Carlas Verfahren bei den Aufgaben B, D und E anwenden:
B: 47 · 10 = 470, 470 : 2 = 235, also 5 · 47 = 235
D: 65 · 10 = 650, 650 : 2 = 325, also 5 · 65 = 325
E: 89 · 10 = 890, 890 : 2 = 445, also 5 · 89 = 445

36

a. Tim halbiert die Ergebnisse fortlaufend. Das funktioniert wie beim Zahlenstrahl in 8 Schritten zur 250 000.

Larissa zerlegt die Zahl in kleinere Zahlen, die sich gut durch 8 teilen lassen. Anschließend addiert sie die Teilergebnisse.

c. Die Aufgaben A, D, F und G kann man ähnlich wie Tim durch fortgesetztes Halbieren lösen.

A
58 000 : 2 = 29 000
29 000 : 2 = 14 500
14 500 : 2 = 7250
58 000 : 8 = **7250**

D
126 000 : 2 = 63 000
63 000 : 2 = 31 500
126 000 : 4 = **31 500**

F
438 000 : 2 = 219 000
219 000 : 2 = 109 500
109 500 : 2 = 54 750
438 000 : 8 = **54 750**

G
6 868 000 : 2 = 3 434 000
3 343 000 : 2 = 1 717 000
1 717 000 : 2 = 858 500
6 868 000 : 8 = **858 500**

Die Aufgaben B, C, E und H kann man wie Larissa lösen:

B
50 000 : 5 = 10 000
5000 : 5 = 1000
3000 : 5 = 600
58 000 : 5 = **11 600**

C
120 000 : 6 = 20 000
6000 : 6 = 1000
126 000 : 6 = **21 000**

E
300 000 : 3 = 100 000
120 000 : 3 = 40 000
18 000 : 3 = 6000
438 000 : 3 = **146 000**

H
630 000 : 7 = 90 000
56 000 : 7 = 8000
686 000 : 7 = **98 000**

6 Tabellen und Grafiken

1 Tabelle nach dem 33. Spieltag

Platz	Verein	Spiele	S	U	N	Tore	Punkte
1.	VfB Stuttgart	33	20	7	6	59:36	67
2.	Schalke 04	33	20	5	8	51:31	65
3.	SV Werder Bremen	33	19	6	8	74:40	63
4.	Bayern München	33	17	6	10	50:38	57
5	Bayer Leverkusen	33	14	6	13	52:48	48
6.	1. FC Nürnberg	33	10	15	8	40:32	45
7.	Borussia Dortmund	33	12	8	13	40:41	44
8.	Hannover 96	33	12	8	13	41:47	44
9.	Hamburger Sportverein	33	9	15	9	39:37	42
10.	Arminia Bielefeld	33	11	9	13	46:47	42
11.	VfL Bochum	33	12	6	15	47:50	42
12.	Hertha BSC Berlin	33	11	8	14	48:54	41
13.	Energie Cottbus	33	11	8	14	37:47	41
14.	Eintracht Frankfurt	33	9	13	11	45:56	40
15.	VfL Wolfsburg	33	8	13	12	37:43	37
16.	Alemannia Aachen	33	9	7	17	46:66	34
17.	FSV Mainz 05	33	8	10	15	32:52	34
18.	Borussia M'gladbach	33	6	8	19	23:42	26

2 Spielpaarungen des 34. Spieltages

a. Hannover 96 – 1. FC Nürnberg 0 : 3
Bayern München – 1. FSV Mainz 05 5 : 2
Hamburger SV – Alemannia Aachen 4 : 0

b. Aachen hätte – statt mit 4 Toren zu verlieren – mit mindestens 12 Toren Vorsprung gewinnen müssen. – Nicht sehr realistisch!

3 Single-Charts vom 21.9.2007

a. Den größten Sprung hat Rihanna mit Don't Stop the Music gemacht (mind. 9 Plätze)
Welcher Interpret am weitesten zurück gefallen ist, lässt sich nicht genau sagen, weil nicht abzulesen ist, was aus den alten Nummern 8 und 10 geworden ist. Von denen, deren Daten wir wissen, ist Azad feat. Adel Tawil am weitesten zurück gefallen (4 Plätze).
Am längsten in den Charts ist Ich + ich mit Vom selben Stern.

b. Charts am 14.9.2007

Platz	Interpret	Titel	Platz Vorwoche	Wie lange in den Charts?
1	Hamma	Culcha Candela	?	4. Woche
2	James Blunt	1973	?	2. Woche
3	50 Cent feat. Justin Timberlake & Timbaland	Ayo Technology	?	1. Woche
4	Ich + ich	Vom selben Stern	?	12. Woche
5	Azad feat. Adel Tawil	Prison Break Anthem (Ich glaub An Dich)	?	8. Woche
6	Timbaland feat. Keri Hilson & D.O.E.	The Way I Are	?	9. Woche
7	Scooter	The Question Is What Is The Question	?	5. Woche
8	?	?	?	?
9	Fergie	Big Girls Don't Cry	?	9. Woche
10	?	?	?	?

Es fehlen die Informationen über den achten und zehnten Platz und die Platzierungen in der Vorwoche.

7 Figuren und Flächen

1 A Parallelogramm; Trapez
B Trapez
C Quadrat; Raute; Rechteck; Trapez; Parallelogramm
D Rechteck; Parallelogramm; Trapez
E Trapez

2 Vierecke stellen sich vor:

a. Rechteck (Parallelogramm, Trapez)
b. Trapez
c. Rechteck (Parallelogramm, Trapez)
d. Parallelogramm (Trapez)
e. Raute (Parallelogramm, Trapez)
f. Quadrat (Rechteck, Parallelogramm, Trapez, Raute)
g. Parallelogramm (Trapez)

3

a. 6 kQ b. 9 kQ c. 9 kQ d. 26 kQ e. 17 kQ

8 Mittelwerte

1 Arithmetisches Mittel:

a. 200 b. 300 c. 400 d. 500

2 Zur Bestimmung des Zentralwertes muss man die Zahlen der Größe nach ordnen.

a. 16 b. 9 c. 45

3

a. arithmetisches Mittel 36, Zentralwert 35
b. arithmetisches Mittel 1690 m, Zentralwert 1 km

4

a. Die Höhe der Säule sollte etwas über der Höhe der dritten Säule liegen.
b. Die Stücke über der Geraden aneinandergehängt sind etwa so lang wie die aneinandergehängten Fehlstücke unterhalb der Geraden.

5

a. Z. B. 800; 900; 950; 1150; 1200
b. Z. B. 850; 900; 1000; 1100; 1150
c. Z. B. 900; 200; 400; 700; 2800
d. Z. B. 700; 1500; 300; 1700; 800

6

a. 35 b. 109 c. 15 d. jede Zahl ≥ 105

7

a. Nicht jeder arbeitet gleich schnell.
b. Das arithmetische Mittel beträgt ca. 107 Minuten, der Zentralwert 100 Minuten. Die Vorgaben werden bei dieser Stichprobe also leicht überschritten.

9 „Das Glück dieser Erde …"

1 8 km bis 12 km
Langsames Gehtempo: ca. 2 bis 3 km pro Stunde

2

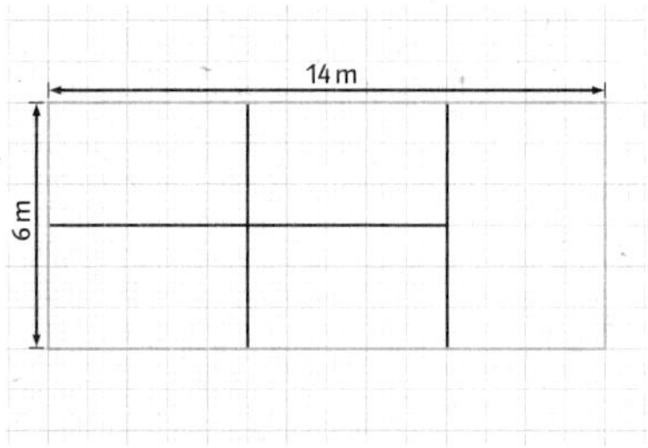

So könnte eine Einteilung aussehen. Es haben 5 Pferde ausreichend Platz, für ein sechstes Pferd genügt der Platz nicht mehr.

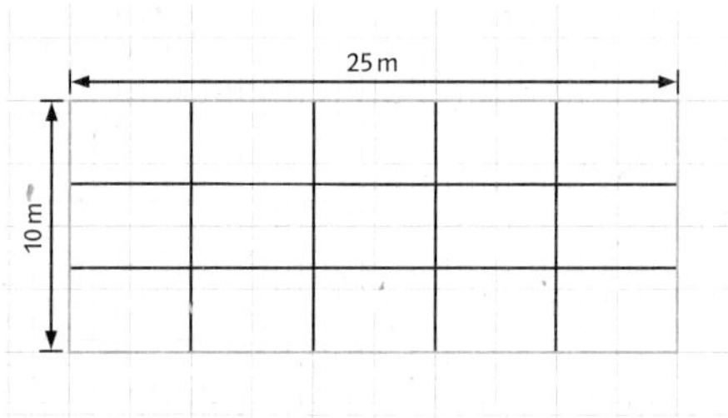

So könnte eine Einteilung aussehen. Es haben 15 Pferde ausreichend Platz, für ein 16. Pferd genügt der Platz nicht mehr.

3

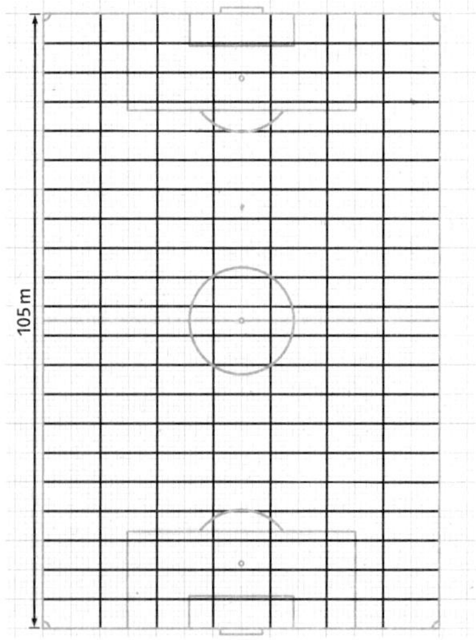

So könnte eine Einteilung aussehen. Es hätten dann $21 \cdot 7 = 147$ Pferde Platz. Das ist eindeutig viel zu wenig, wenn jedes Pferd Auslauf haben soll!

4

a. Es sind 24 Heuballen gestapelt. Der gesamte Stapel ist 4 · 70 cm = 2,80 m lang, 3 · 50 cm = 1,50 m breit und 2 · 35 cm = 70 cm hoch. Der Stapel wiegt insgesamt 24 · 12 kg = 288 kg.

b. Diese Aufgabe kann unterschiedlich bearbeitet werden. Vergleiche deine Lösung mit deinem Nachbarn.

5

a. In einen Eimer passen etwa 10 Liter Wasser.

b. Sieben Islandpferde brauchen an einem heißen Tag ca. 350 Liter Wasser. Paul muss dann 35 Eimer Wasser schleppen.

c. Rechnung: 35 l + 42 l + 37 l + 52 l + 40 l + 39 l + 49 l = 294 l
294 l : 7 = 42 l
Sein Pferd hat durchschnittlich 42 Liter Wasser pro Tag getrunken.

6 25 000 g : 500 g = 50
Wie lange reicht ein Sack Hafer für ein Pferd?
Ein Sack reicht ca. 50 Tage

Tage	2	10	20	30
Kosten	0,80 €	4 €	8 €	12 €

Wie teuer ist der Mais für ein Pferd im Monat?
Allein der Mais für ein Pferd im Monat kostet 12 €.

7 · 500 g = 3500 g = 3,5 kg
Wie viel kg Maiswürfel frisst ein Pferd in einer Woche?
Es frisst 3,5 kg Maiswürfel.

3 · 2 kg = 6 kg
Wie viel kg Heu frisst ein Pferd an einem Tag?
An einem Tag frisst es 6 kg.

5 · 70 cm = 350 cm = 3,50 m
Wie lang ist eine Reihe von Heuballen, wenn man sie der Länge nach nebeneinander legt?
Sie ist 3,50 m lang.

12 kg : 6 kg = 2
Wie lange reicht ein Heuballen für ein Pferd?
Er reicht 2 Tage.

16 € : 20 = 1600 ct : 20 = 80 ct
Wie viel kostet 1 kg Maiswürfel?
1 kg Maiswürfel kostet 0,80 €.

6 kg · 365 = 2190 kg ≈ 2200 kg
Wie viel Heu frisst ein Pferd in einem Jahr?
In einem Jahr frisst ein Pferd ca 2200 kg Heu.

10 Anschlüsse

1 2 h 11 min; 3 h 9 min; 1 h 25 min; 41 min; 7 h 36 min; 3 h 31 min

2 Linie 1: 11:35; 11:50; 12:05; 12:20; 12:35; 12:50; 13:05; 13:20; 13:35
Linie 2: 11:40; 11:52; 12:04; 12:16; 12:28; 12:40; 12:52; 13:04; 13:16; 13:28; 13:40
Linie 3: 11:42; 11:48; 11:54; 12:00; 12:06; 12:12; 12:18; 12:24; 12:30; 12:36; 12:42, 12:48; 12:54; 13:00; 13:06; 13:12; 13:18; 13:24; 13:30; 13:36; 13:42
Linie 4: 11:51; 11:58; 12:06; 12:13; 12:21; 12:28; 12:36; 12:43; 12:51; 12:58; 13:06; 13:13; 13:21; 13:28; 13:36; 13:43

3 Anmerkung: Mithilfe der Umsteigezeit muss man überprüfen, ob der Anschlusszug überhaupt erreichbar ist.

a. Abfahrt in Koblenz: 17:12 Ankunft in Aachen 18:52
Reisezeit Koblenz – Aachen: 1 h 40 min

b. Abfahrt in Koblenz: 17:16 (Der Zug um 17:12 wird wohl nicht mehr erreicht) Ankunft in Aachen 19:49
Reisezeit Koblenz – Aachen: 2 h 33 min

c. Abfahrt in Koblenz: 18:12 Ankunft in Aachen 20:09
Reisezeit Koblenz – Aachen: 1 h 57 min

d. Abfahrt in Koblenz: 18:16 Ankunft in Aachen 20:16
Reisezeit Koblenz – Aachen: 2 h

4

1 h 27 min	1 h 15 min	2 h 15 min	3 h 15 min	2 h 28 min
87 min	75 min	135 min	195 min	148 min

4 h 8 min	5 h 48 min
248 min	348 min

5

6 min 20 s	3 min 12 s	1 min 44 s	3 min 40 s	1 min 52 s
380 min	192 min	104 min	220 min	112 min

15 min 30 s	10 min 5 s	3 min 50 s
930 min	605 min	230 s

6

a. Reisezeit: 1. Verbindung: 4 h 28 min,
2. Verbindung: 4 h 26 min

b. Obwohl die Reisezeit länger ist, könnte es sinnvoll sein, die erste Verbindung zu benutzen, da man nur einmal umsteigen muss. Dies könnte z. B. bei viel Gepäck ein Vorteil sein, der die längere Fahrtzeit aufwiegt.

7 1. Verbindung: Reisezeit: 3 h 10 min
Umsteigezeit: 18 min; Fahrzeit 2 h 52 min
2. Verbindung: Reisezeit: 1 h 46 min
Umsteigezeit: 26 min; Fahrzeit 1 h 20 min

8 Cem berücksichtigt nicht, dass Stunden, Minuten und Sekunden nicht im Zehnersystem gerechnet werden können. Der Übertrag muss anders gestaltet werden. Dass das erste Ergebnis richtig ist, liegt an den Zahlen, die keine Überschreitung beinhalten.

11 Runden

1

4444 €	5556 €	4646 €
444 €	556 €	465 €
44 €	56 €	46 €
4 €	6 €	5 €

2

4440 cm	5560 cm	4650 cm
440 cm	560 cm	460 cm
40 cm	60 cm	50 cm
4 cm	10 cm	0 cm

3

4440 l	5600 l	4600 l
400 l	600 l	500 l
0 l	100 l	0 l
0 l	0 l	0 l

4

4000 kg	6000 kg	5000 kg
0 kg	1000 kg	0 kg
0 kg	0 kg	0 kg

5

Stadt	auf 1000 Einwohner gerundet	auf 10 000 Einwohner gerundet
Berlin	3 382 000	3 380 000
Hamburg	1 715 000	1 720 000
München	1 210 000	1 210 000
Köln	963 000	960 000
Frankfurt a. M.	647 000	650 000
Essen	595 000	600 000
Dortmund	589 000	590 000
Stuttgart	584 000	580 000
Düsseldorf	569 000	570 000
Bremen	539 000	540 000

Das Problem dürfte bei Berlin entstehen, das bei einem vernünftigen Maßstab im Heft nicht zu zeichnen ist.

6 Die ursprüngliche Zahl liegt zwischen

	auf Zehner gerundet	auf Hunderter gerundet	auf Tausender gerundet
a.	2995 und 3004	2950 und 3049	2500 und 3499
b.	119 995 und 120 004	119 950 und 120 049	119 500 und 120 499
c.	5 999 995 und 6 000 004	5 999 950 und 6 000 049	5 999 500 und 6 000 499
d.	5495 und 5504	5450 und 5549	–
e.	76 995 und 77 004	76 950 und 77 049	76 500 und 77 499

7

a. auf Hunderter
auf Zehner
auf Hunderter, Tausender …
auf Zehner

b. auf Zehntausender
auf Hunderter
auf Hunderttausender,
auf Zehner, Hunderter, Tausender, Zehntausender

8 Verschiedene Lösungen möglich

9

a. 17 liegt näher an 20.
b. Alle Zahlen sind näher bei 100 als bei 200.
c. Unterschiedlichste Lösungen sind möglich.

12 Größen mit Komma

1

1379 m = **1** km **379** m = **1,379** km
2468 m = **2** km **468** m = **2,468** km
3557 m = **3** km **557** m = **3,557** km
4646 m = **4** km **646** m = **4,646** km
5735 m = **5** km **735** m = **5,735** km
6824 m = **6** km **824** m = **6,824** km

2

135 790 m = **135,790** km
13 579 m = **13,579** km
1357 m = **1,357** km
135 m = **0,135** km
13 m = **0,013** km
1 m = **0,001** km

3

9150 kg = **9** t **150** kg = **9,15** t
8250 kg = **8** t **250** kg = **8,25** t
7350 kg = **7** t **350** kg = **7,35** t
6450 kg = **6** t **450** kg = **6,45** t
5550 kg = **5** t **550** kg = **5,55** t
4650 kg = **4** t **650** kg = **4,65** t

4

987 654 kg = **987,654** t
98 765 kg = **98,765** t
9876 kg = **9,876** t
987 kg = **0,987** t
98 kg = **0,098** t
9 kg = **0,009** t

5

a.

26 m 3 dm	26 m 3 cm	26 m 3 mm	26 km 3 m	26 km 33 m
26,3 m	**26,03 m**	**26,003 m**	**26,003 km**	**26,033 km**

b.

98 kg 800 g	98 kg 80 g	98 kg 8 g	98 kg 88 g	98 kg 888 g
98,8 kg	**98,08 kg**	**98,008 kg**	**98,088 kg**	**98,888 kg**

a.

27 hl 60 l	27 hl 6 l	27 l 6 dl	27 l 6 cl	27 cl 6 ml
27,6 hl	**27,06 hl**	**27,6 l**	**27,06 l**	**27,6 cl**

a.

49 € 5 ct	49 l 5 cl	49 km 50 m	49 m 5 cm	49 kg 5 g
49,05 €	**49,05 l**	**49,05 km**	**49,05 m**	**49,005 kg**

6

a. 918,3 cm und 9 m 183 mm; 9183 cm und 91,83 m; 918,3 m entfällt

b. 125 l und 1,25 hl; 12,5 l und 125 dl; 1,25 l entfällt.

c. 1,002 kg und 1002 g; 1 kg 20 g und 1,020 kg; 1,200 kg entfällt.

d. 5,06 km und 5060 m 5,6 km und 5 km 600 m; 56 m entfällt.

7

a. 1,23 m < 1,32 m < 2,13 m < 2,31 m < 3,12 m < 3,21 m

b. 0,054 km < 0,145 km < 0,405 km < 0,504 km < 0,540 km < 4,005 km < 4,050 km < 4,500 km < 5,004 km < 5,040 km < 5,404 km < 450 km

c. 0,111 kg < 1,011 kg < 1,101 kg < 1,110 kg < 10,011 kg < 10,101 kg < 10,110 kg < 11,001 kg < 11,010 kg < 11,100 kg

8

a. 3,8876 m
2,761 km
18 900 mm = 18,9 m
1,5 m
22,87 cm

b. 0,000 67 t = 670 g
16,3 g
177 600 g = 177,6 kg
1,956 t
980 000 kg = 980 t

c. 7,3 l
210 000 ml = 210 l
0,765 l = 765 ml
22,4 hl
25 000 cl = 250 l

d. 3,76 €
4776 ct = 47,78 €
3 € 5 ct
22,01 €
654 ct = 6,54 €

9 2,45 m = 245 cm 24 dm = 24 dm 5 cm = 24,5 dm
452 cm = 4 m 52 cm = 0,00 452 km
24,5 m = 245 dm

77 kg 800 g = 0,0778 t
878 g = 0,000 878 t = 0 kg 878 g = 0,878 kg

2 hl 2 l = 2,02 hl = 202 l = 20 200 cl
222 cl = 2 l 22 cl = 2,22 l = 2220 ml

2 12,84 hl + 8,89 hl = **21,73 hl**
12,04 hl + 7,69 hl = **19,73 hl**
11,11 hl + 6,62 hl = **17,73 hl**
13,35 hl + 2,38 hl = **15,73 hl**
9,99 hl + 3,84 hl = **<u>13,83 hl</u>**
6,83 hl + 4,90 hl = **11,73 hl**

3 7,67 m + 26,87 m = **34,54 m**
16,69 m + 27,85 m = **44,54 m**
8,09 m + 46,45 m = **54,54 m**
49,97 m + 14,67 m = **<u>64,64 m</u>**
9,98 m + 64,56 m = **74,54 m**
45,45 m + 39,09 m = **84,54 m**

4 19,652 kg + 23,471 kg = **43,123 kg**
29,553 kg + 23,671 kg = **53,224 kg**
39,454 kg + 23,871 kg = **63,325 kg**
49,355 kg + 24,071 kg = **73,426 kg**
59,256 kg + 23,871 kg = **<u>83,127 kg</u>**
69,157 kg + 24,471 kg = **93,628 kg**

5 99,14 l − 61,16 l = **37, 98 l**
99,03 l − 51,15 l = **47,88 l**
98,92 l − 41,14 l = **57,78 l**
98,81 l − 31,31 l = **<u>67,50 l</u>**
98,70 l − 21,12 l = **77,58 l**
98,59 l − 11,11 l = **87,48 l**

6 987,654 km − 975,309 km = **12,345 km**
876,549 km − 853,093 km = **23,456 km**
765,498 km − 730,931 km = **34,567 km**
654,987 km − 609,309 km = **45,678 km**
549,876 km − 493,097 km = **<u>56,779 km</u>**
498,765 km − 430,875 km = **67,890 km**

7 320,320 t − 230,230 t = **90,09 t**
430,430 t − 340,340 t = **90,09 t**
540,540 t − 450,450 t = **90,09 t**
650,650 t − 500,560 t = **<u>150,09 t</u>**
760,760 t − 670,670 t = **90,09 t**
870,870 t − 780,780 t = **90,09 t**

13 Rechnen mit Komma

1

a.	b.	c.	d.
5,205 km	13,53 l	3,720 km	129 l
717,74 hl	12,848 t	25,8 hl	501 m
1500 m	520 l	14,975 km	6,221 t

8

Addieren	Subtrahieren	Differenz d. Ergebnisse
5400,500 km	5400,500 km	5465,150 km
+ 64,500 km	− 64,605 km	− 5335,895 km
5465,150 km	**5335,895 km**	**129,255 km**
540,050 km	540,050 km	604,700 km
+ 64,650 km	− 64,605 km	− 475,445 km
604,700 km	**475,445 km**	**129,255 km**
450,005 km	450,005 km	514,655 km
+ 64,650 km	− 64,605 km	− 385,400 km
514,655 km	**385,400 km**	**129,255 km**
405,050 km	405,050 km	469,700 km
+ 64,650 km	− 64,605 km	− 340,445 km
469,700 km	**340,445 km**	**129,255 km**

9 3,906 kg : 3 = **1,302 kg**
39,060 kg : 30 = **1,302 kg**
390,600 kg : 30 = **13,020 kg**
429,660 kg : 33 = **13,020 kg**
390,600 kg : 3 = **130,200 kg**
4296,600 kg : 33 = **130,200 kg**

10 56 471,520 km : 7 = **8067,36 km**
8067,360 km : 7 = **1152,48 km**
1152,480 km : 7 = **164,64 km**
164,640 km : 7 = **23,52 km**
23,520 km : 7 = **3,36 km**
3,360 km : 7 = **0,48 km**

11 1,234 t : 2 = **0,617 t**
24,680 t : 4 = **6,170 t**
370,200 t : 6 = **61,700 t**
1,851 t : 3 = **0,617 t**
37,020 t : 6 = **6,170 t**
555,300 t : 9 = **61,700 t**

12 2 · 93,960 km = **187,92 km**
4 · 46,980 km = **187,92 km**
6 · 31,320 km = **187,92 km**
8 · 23,490 km = **187,92 km**
10 · 18,792 km = **187,92 km**
20 · 9,396 km = **187,92 km**

13 4 · 30,85 m = **123,4 m**
5 · 46,90 m = **234,5 m**
6 · 57,60 m = **345,6 m**
10 · 45,67 m = **456,7 m**
4 · 141,95 m = **567,8 m**
3 · 226,30 m = **678,9 m**

14 2 · 2980,80 l = 5961,6 l
4 · 1490,40 l = 5961,6 l
6 · 993,60 l = 5961,6 l
8 · 632,70 l = 5061,6 l
3 · 1987,20 l = 5961,6 l
9 · 662,40 l = 5961,6 l

15
a. 3461 kg = 3,461 t
612 l = 6,12 hl
1025 ml = 1,025 l

b. 8281 kg
18 877 m
26 460 g

16 individuelle Lösung

17 Bemerkung zu b.: 42,195 km ist die Marathondistanz
a. 733 l b. 253,17 km c. 23,435 km d. 3,221 kg

14 15 Proportionalität

1 Geschenk-Kordel

Länge	Preis
1 m	1,50 €
2 m	3 €
3 m	4,50 €
4 m	6 €
5 m	7,50 €
6 m	9 €
7 m	10,50 €

Malpinsel

Anzahl	Preis
1	2,65 €
2	5,30 €
3	7,95 €
4	10,60 €
5	13,25 €
6	15,90 €
7	18,55 €

Bastelschere

Anzahl	Preis
1	3,55 €
2	7,10 €
3	10,65 €
4	14,20 €
5	17,75 €
6	21,30 €
7	24,85 €

2 Spritzgebäck

Stück	10	20	30	40	50	60	70	80	90	100
Mehl	70 g	140 g	210 g	280 g	350 g	420 g	490 g	560 g	630 g	700 g

Schoko-Cookies

Stück	10	20	30	40	50	60	70	80	90	100
Mehl	15 g	30 g	45 g	60 g	75 g	90 g	105 g	120 g	135 g	150 g

Vanillekipferl (Das Rezept mit 300 g Mehl ergibt 75 Stück.)

Stück	5	15	25	35	45	55	65	75	85	95
Mehl	20 g	60 g	100 g	140 g	180 g	220 g	260 g	300 g	340 g	380 g

3

	Spritzgebäck	Schoko-Cookies	Vanillekipferl
Mehl für 100 Kekse	700 g	150 g	400 g
Preis für Mehl	70 ct	15 ct	40 ct

4

Anzahl Eier	6	1	10	20	30	50	100
Preis	1,80 €	0,30 €	3 €	6 €	9 €	15 €	30 €

5 Wasserverbrauch beim Duschen

in einer Woche	in zwei Wochen	in einem Monat (30 T)	in einem halben Jahr	in einem Jahr
1400 l	2800 l	6000 l	36 400 l	72 800 l

in einer Woche	in zwei Wochen	in einem Monat (30 T)	in einem halben Jahr	in einem Jahr
840 l	1680 l	3600 l	21 840 l	43 680 l

6

Zeit	10 min	20 min	30 min	40 min	50 min	60 min	2 Stunden	3 Stunden
Strecke	750 m	1,5 km	2,25 km	3 km	3,75 km	4,5 km	9 km	13,5 km

Falls man in jeder Stunde tatsächlich etwa 4,5 km zurücklegen würde – was für die langen Wegstrecken völlig unrealistisch ist – würden sich die folgenden Zeiten ergeben:

Zeit	…	4 Stunden	5 Stunden	7 Stunden	10 Stunden
Strecke	…	18 km	22 km 500 m	31 km 500 m	45 km

Eine Proportionalitätstabelle beschreibt hier die Sachsituation nicht richtig, da notwendige Erholungspausen nicht berücksichtigt werden und Streckenlängen angegeben sind, die den Rahmen einer Tageswanderung deutliche beschreiben.

7

a.

Zeit	1 min	5 min	10 min	15 min	20 min	25 min
Strecke	240 m	1 km 200 m	2 km 400 m	3 km 600 m	4 km 800 m	6 km

b.

Zeit	115 s	3 min 50 s	5 min 45 s	7 min 40 s	9 min 35 s	11 min 30 s
Strecke	1 km 100 m	2 km 200 m	3 km 300 m	4 km 400 m	5 km 500 m	6 km 600 m

c.

Zeit	2 h 40 min	5 h 20 min	8 h	10 h 40 min	13 h 20 min	16 h
Strecke	25 km	50 km	75 km	100 km	125 km	150 km

d.

Zeit	10 s	20 s	30 s	40 s	50 s	1 min
Strecke	190 m	380 m	570 m	760 m	950 m	1 km 140 m

Die Situation in Teil c. (Distanzritt) ist nicht durch eine Proportionalitätstabelle zu beschreiben. (Ein Pferd müsste hier beispielsweise die Distanz von 150 km ohne Pause in 16 Stunden zurücklegen.)

8

a. Für 80 CHF erhält man nicht 49,80 €, sondern 80 · 0,61 € = 48,80 €. Carina hat also Recht.

b. 75 CHF = 5 CHF + 20 CHF + 50 CHF = 3,05 € + 12,20 € + 30,50 € = 45,75 €
75 CHF = 25 CHF + 50 CHF = 15,25 € + 30,50 € = 45,75 €
75 CHF = 80 CHF − 5 CHF = 48,80 € − 3,05 € = 45,75 €

c. 40 € = 30,50 € + 3,05 € + 6,10 € + 0,35 € = 50 CHF + 5 CHF + 10 CHF + 0,35 €.
Carina erhält also 39,65 € genau 65 CHF. Für die restlichen 0,35 € etwas mehr als 0,50 CHF.

9 Es handelt sich nicht um eine Proportionalitätstabelle, da 2000 l Heizöl nicht 2 · 260 € = 520 €, sondern nur 500 € kosten. 4000 l kosten nicht 4 · 260 € = 1040 €, sondern nur 950 €. Bei einer Abnahme von 1000 l beträgt der Heizölpreis 0,26 € pro Liter. Kauft man 2000 l, so beträgt der Preis nur 0,25 € pro Liter, und 4000 l erhält man für rund 0,24 € pro Liter.
Je mehr Heizöl man einkauft, desto günstiger wird der Preis für einen Liter.

16 Brüche im Alltag

1

a. $\frac{3}{8}$ l; $\frac{3}{4}$ l; $\frac{1}{2}$ l

b. $\frac{5}{8}$ l; $\frac{1}{4}$ l; $\frac{1}{2}$ l

2

a. Julia bekommt 8 Stückchen, Johannes 6.

b. $\frac{10}{24}$ bzw. $\frac{5}{12}$

3

a. $\frac{1}{3}$

b. $\frac{1}{2}$

c. $\frac{1}{4}$

d. $\frac{1}{3}$

18 Bruchteile erkennen und darstellen

1

a. $\frac{1}{3}; \frac{3}{4}; \frac{2}{4} = \frac{1}{2}; \frac{1}{2}$ b. $\frac{1}{2}; \frac{1}{3}; 1; \frac{2}{4} = \frac{1}{2}$ c. $\frac{2}{4} = \frac{1}{2}; \frac{1}{2}; \frac{3}{8}; \frac{3}{4}$

2

a. $\frac{3}{4}; \frac{2}{4}; \frac{1}{4}; \frac{3}{8}$ b. $\frac{3}{8}; \frac{2}{8}; \frac{3}{4}; \frac{4}{8}$ c. $\frac{3}{4}; \frac{3}{8}; \frac{3}{8}; \frac{1}{4}$

3

a. Figur 1: Fünf gleich große Teilrechtecke sind gefärbt. Insgesamt füllen $5 \cdot 5 = 25$ dieser Teilrechtecke das große Rechteck aus. Der Bruchteil ist also $\frac{5}{25}$ oder $\frac{1}{5}$.
Figur 2: Das äußere Dreieck setzt sich aus 4 gleich großen Teildreiecken zusammen. Das kleine gefärbte Dreieck ist der vierte Teil eines solchen Teildreiecks. Der gesuchte Bruchteil ist somit $\frac{1}{4}$ von $\frac{1}{4}$, also $\frac{1}{16}$.

b. Ein Lösungsbeispiel:

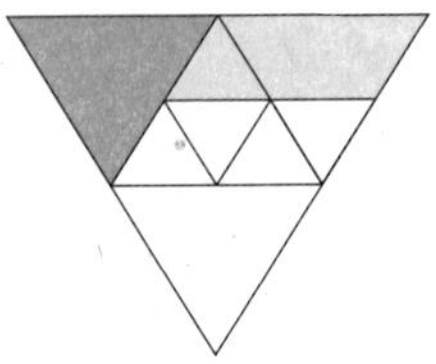

4

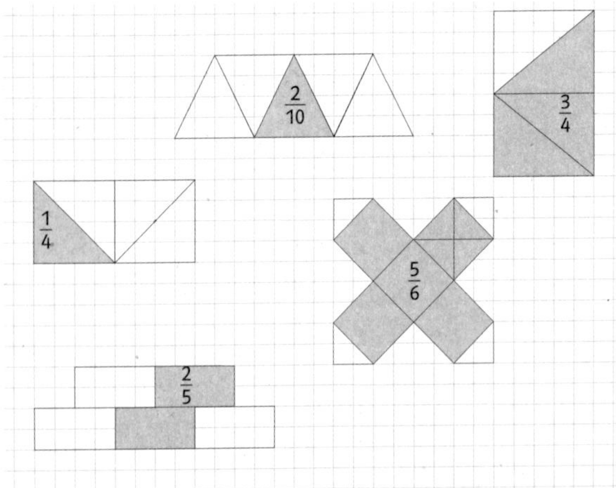

5

a. Ein Lösungsbeispiel: Der nicht gefärbte Teil des äußeren Quadrates besteht aus vier Trapezen und vier Dreiecken. Ein Trapez und ein Dreieck lassen sich jeweils zu einem Quadrat zusammensetzen, das den gleichen Flächeninhalt hat wie das gefärbte Quadrat. Insgesamt besteht also das äußere Quadrat aus fünf gleich großen Teilquadraten. Der gesuchte Anteil ist also $\frac{1}{5}$.

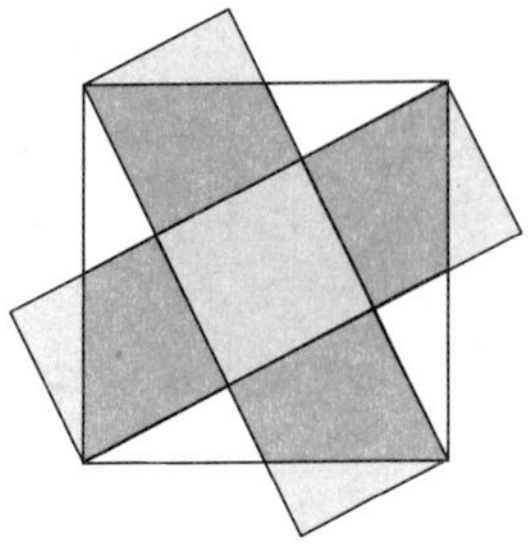

b. Johannes hat das äußere Quadrat in 25 gleich große Teilquadrate zerlegt. Man erkennt, dass die fünf dunkel gefärbten kleinen Quadrate des Quadratgitters genau in das schräggestellte Teilquadrat hineinpassen. Also ist der gesuchte Anteil $\frac{5}{25} = \frac{1}{5}$.

6 Ein Lösungsbeispiel: Das angegebene 6 × 6-Quadratgitter zerlegt das Ausgangsquadrat in 36 gleich große Teilquadrate. Wir überprüfen, ob tatsächlich 18 dieser Teilquadrate gefärbt bzw. nicht gefärbt sind: 8 Teilquadrate sind vollständig ungefärbt, 8 Teilquadrate sind jeweils mit einem Anteil von $\frac{3}{4}$ ungefärbt (das sind 6 vollständig ungefärbte), 6 Teilquadrate sind jeweils zur Hälfte ungefärbt (das sind weitere 3 vollständig ungefärbte) und 4 Teilquadrate sind jeweils mit einem Anteil von $\frac{1}{4}$ ungefärbt. Insgesamt sind $8 + 6 + 3 + 1 = 18$ Teilquadrate vollständig ungefärbt (und 18 vollständig gefärbt). Carina hat also Recht.

7 Ein Lösungsbeispiel: Der gesuchte Flächeninhalt ist sicherlich kleiner als $\frac{1}{5}$ (vgl. Aufgabe 5). Man könnte also vermuten, dass der gesuchte Anteil durch den nächst kleineren Stammbruch $\frac{1}{6}$ gegeben ist. Daher bietet sich eine Untersuchung mit Hilfe eines 6 × 6-Quadratgitters an.
Die gefärbte Fläche besteht dann aus 4 vollständigen Teilquadraten und 8 Teilquadraten, die jeweils mit einem Anteil von $\frac{1}{4}$ gefärbt sind. Die gefärbte Fläche setzt sich also aus insgesamt 6 vollständig gefärbten Teilquadraten zusammen, der gesuchte Anteil ist also tatsächlich $\frac{1}{6}$.

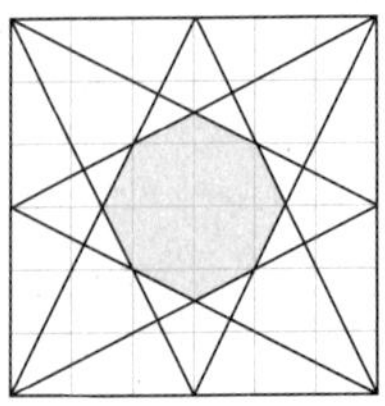

19 Bruchteile der Kreisfläche

1

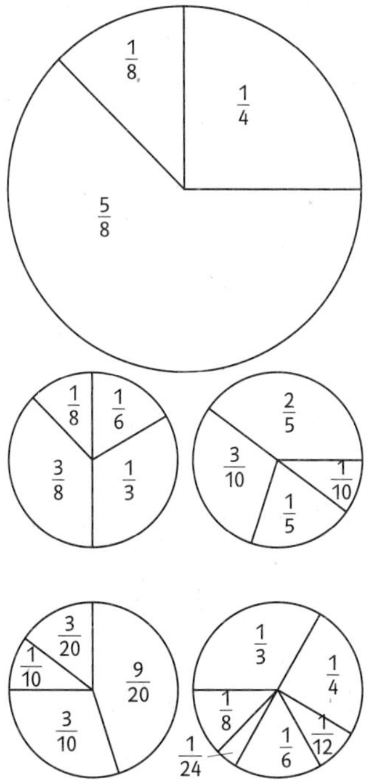

2

a. $\frac{1}{4}$; $\frac{1}{5}$; $\frac{1}{10}$; $\frac{1}{2}$

b. $\frac{1}{2}$; $\frac{1}{4}$; $\frac{1}{5}$; $\frac{1}{10}$

c. $\frac{1}{10}$; $\frac{1}{2}$; $\frac{1}{4}$; $\frac{1}{5}$

3

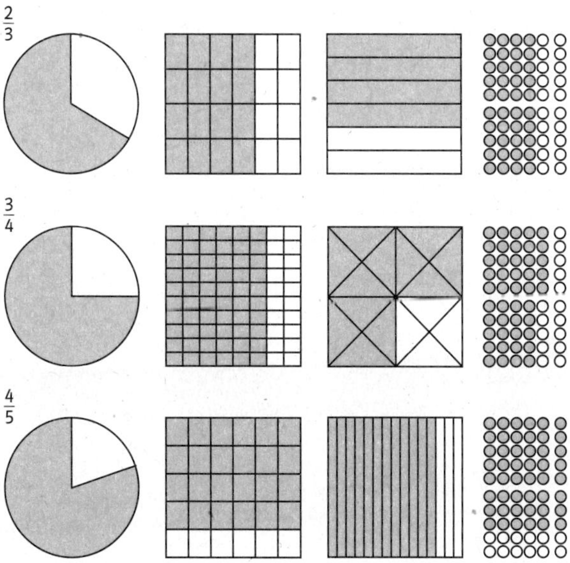

4

a.

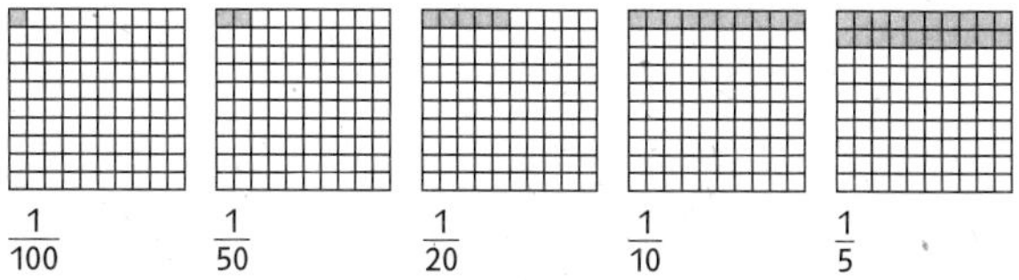

b.

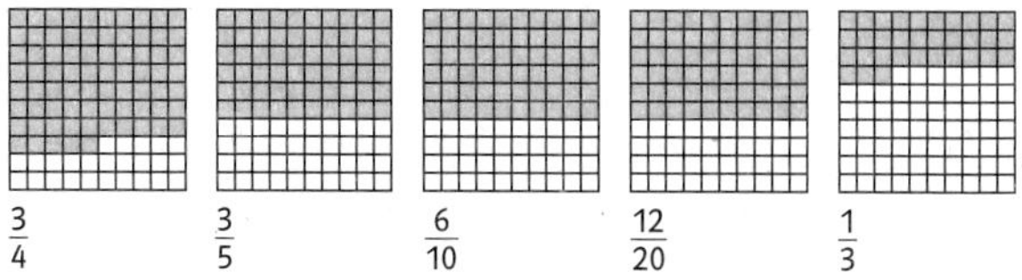

5

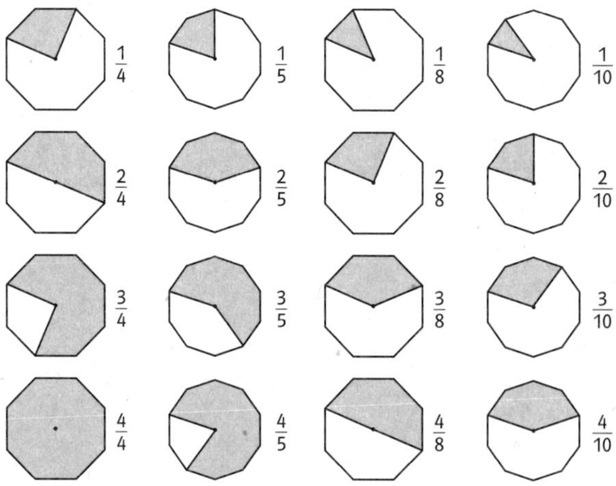

6

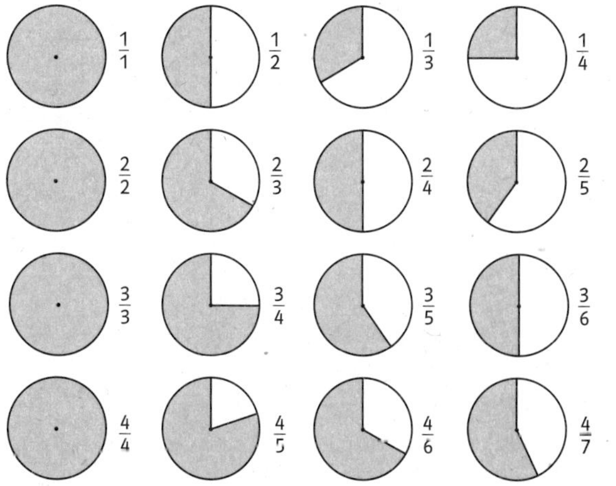

20 Flächen

1

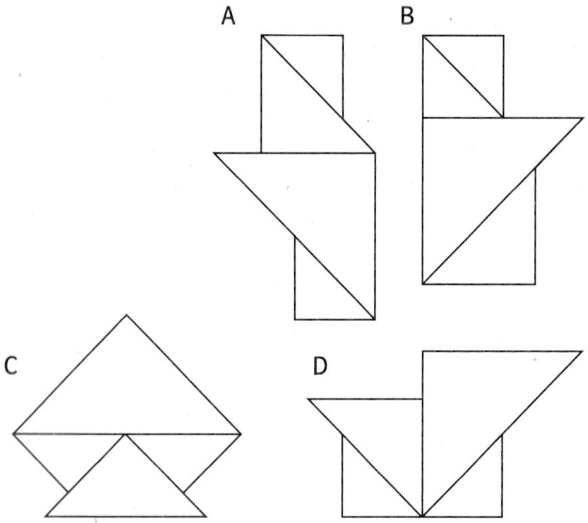

2 A: $3\,cm^2 = 300\,mm^2$ B: $11\,cm^2 = 1100\,mm^2$
C: $10\,cm^2 = 1000\,mm^2$ D: $6\,cm^2 = 600\,mm^2$
E: $5{,}5\,cm^2 = 550\,mm^2$ F: $6\,cm^2 = 600\,mm^2$
G: $7\,cm^2 = 700\,mm^2$

3 A: Fläche ≈ $60\,m^2$ B: Fläche ≈ $82\,m^2$
C: Fläche ≈ $102\,m^2$ D: Fläche ≈ $62\,m^2$

4 A: Fläche ≈ $14\,cm^2$ B: Fläche ≈ $14\,cm^2$
C: Fläche ≈ $13{,}5\,cm^2$ D: Fläche ≈ $25\,cm^2$

5
a. Fläche ≈ $11{,}5\,cm^2$ b. Fläche ≈ $12{,}5\,cm^2$

21 Künstler konstruieren

Bei den Aufgaben in diesem Kapitel sind oft mehrere Lösungswege möglich.

1
a. Das große Quadrat wird durch die Mittellinien in vier kleine Quadrate aufgeteilt. In diese vier Quadrate werden jeweils die Diagonalen eingezeichnet. Es entstehen sechzehn gleich große Dreiecke.
b. Zeichne ein gleichgroßes Quadrat rechts an das erste und markiere die Mittelpunkte seiner vier Seiten. Verbinde die gegenüberliegenden Mittelpunkte und zeichne so die Mittellinien ein. In die vier entstandenen kleinen Quadrate zeichne nun die Diagonalen ein. Wiederhole diesen Vorgang waagrecht und senkrecht bis eine Postkartenvorlage entstanden ist.

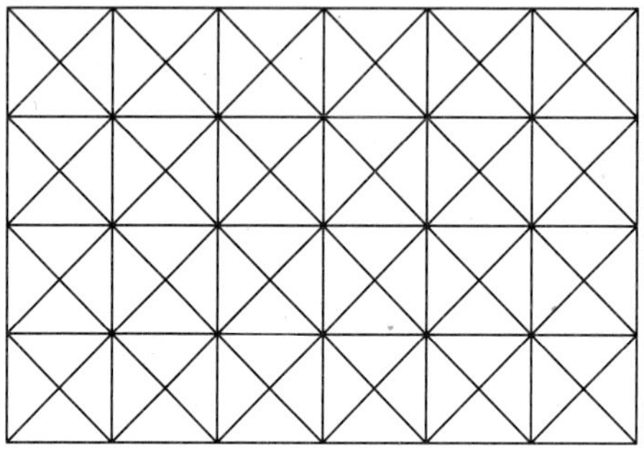

2
a. In zwei ineinander liegende Quadrate werden die gemeinsamen Diagonalen eingezeichnet. Es entstehen vier gleich große Trapeze außen und vier gleich große Dreiecke innen.
b. Zeichne ein gleichgroßes Quadrat mit seinen Diagonalen rechts an das erste. Teile die Diagonalen in vier gleich große Abschnitte. Verbinde die Punkte so, dass ein kleines Quadrat innerhalb des großen Quadrates genau parallel zu den ursprünglichen Quadratseiten entsteht. Wiederhole diesen Vorgang waagrecht und senkrecht bis eine Postkartenvorlage entstanden ist.

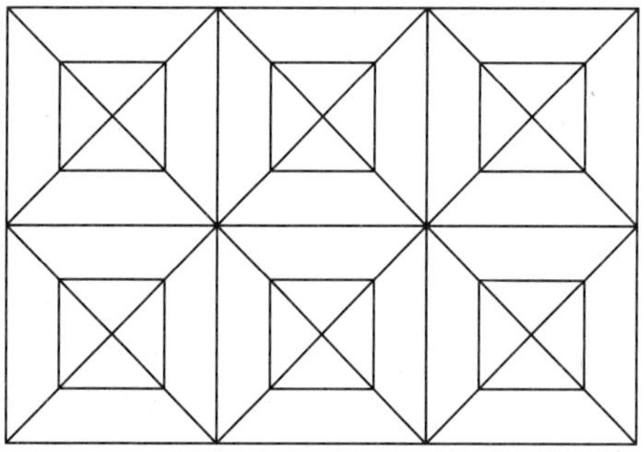

3

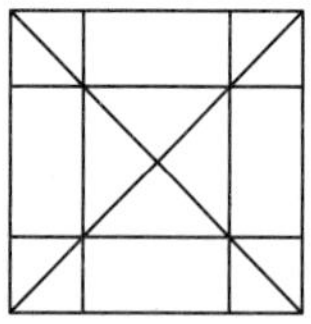

4
c. Die Quadrate werden immer kleiner, die Quadratschnecke läuft auf den Mittelpunkt zu.

22 Mit Zirkel und Geodreieck

1

a.

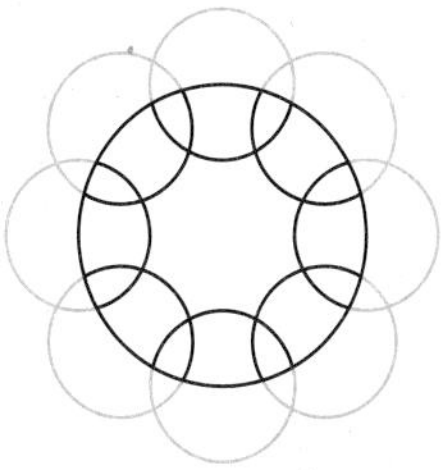

b.

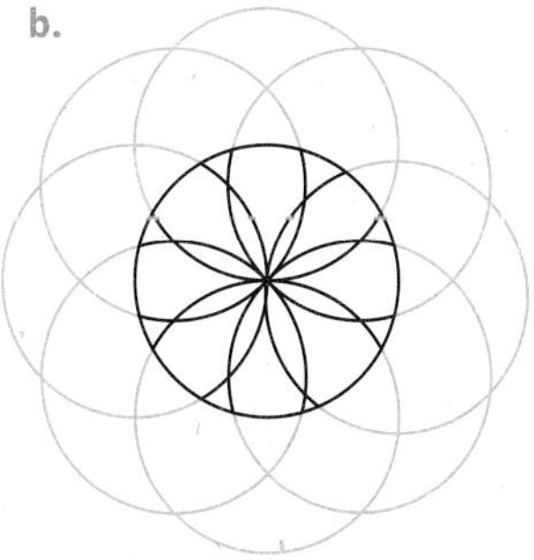

c.

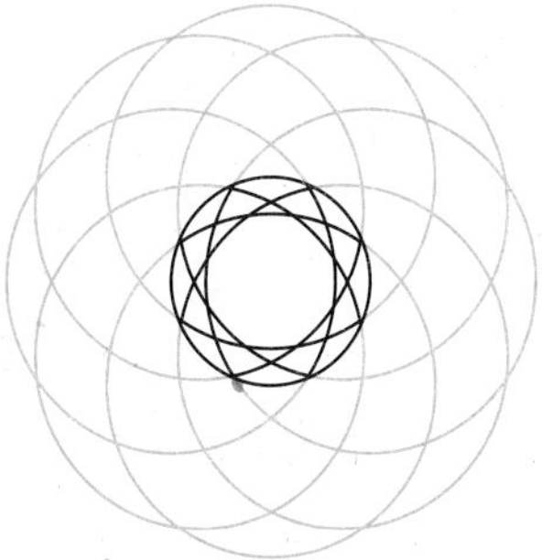

2

23 Bäume wachsen nicht in den Himmel

1 gerundet auf

Zehner	765 430	76 540	7650	770	80	10
Hunderter	765 400	76 500	7700	800	100	0
Tausender	765 000	77 000	8000	1000	0	0

2

Zehner	234 570	23 460	2350	230	20	0
Hunderter	234 600	23 500	2300	200	0	0
Tausender	235 000	23 000	2000	0	0	...

3

a.

Höhe in mm	10	20	30	40
Anzahl	0	1	3	5

b. Gemessene Werte:
Arithmetisches Mittel 34 m, Zentralwert 35 m
Gerundete Werte:
Arithmetisches Mittel 34 m, Zentralwert 40 m
Beim arithmetischen Mittel ist es egal, ob er die gemessenen oder die gerundeten Werte nimmt. Beim Zentralwert muss er überlegen, wie gut die Messung war.

4 Eiffelturm: 301 m → 6 cm
Pyramide von Gizeh (Urhöhe): 147 m → 3 cm
Taipeh Tower: 500 m → 10 cm

24 Mit dem Schiff zum Meer

1

a.

Amazonas (Südamerika)	6513 km ≈ 6500 km
Donau (Europa)	2850 km ≈ 2900 km
Jangtsekiang (Asien)	5632 km ≈ 5600 km
Mississippi (Nordamerika)	6051 km ≈ 6100 km
Murray (Australien)	2570 km ≈ 2600 km
Nil (Afrika)	6324 km ≈ 6300 km
Rhein (Europa)	1360 km ≈ 1400 km
Wolga (Europa)	3694 km ≈ 3700 km

b.

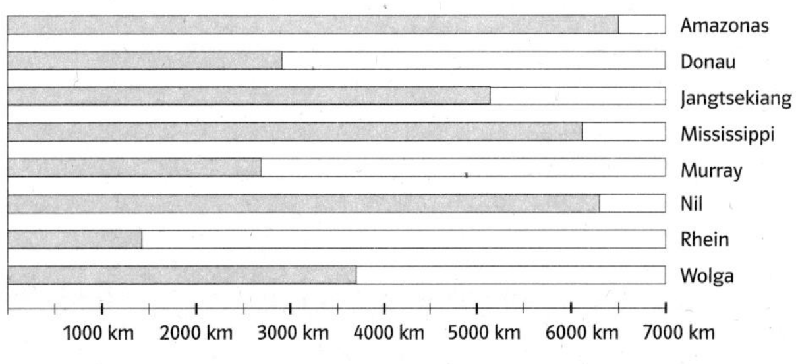

2

a.

Jahr	1999	2000	2001	2002	2003	2004	2005	2006
Containerschiffe	5311	**5866**	6065	6158	**6596**	6870	7186	7560
Fahrgastschiffe	159	75	263	339	227	230	223	209
Kreuzfahrtschiffe	0	0	0	**0**	0	0	0	**46**
sonstige	**6156**	5737	6016	5153	4691	**4422**	4533	4585
gesamt	11 626	11 678	**12 344**	11 650	11 514	11 522	**11 942**	12 400

b. z. B.

Jahr	2006	2001	2005	2000	2002	1999	2004	2003
gesamt	12 400	12 344	11 942	11 678	11 652	11 626	11 522	11 514
Containerschiffe	7560	7168	6870	6596	6158	6065	5866	5311
Fahrgastschiffe	339	263	230	227	223	209	159	75
Kreuzfahrtschiffe	46	0	0	0	0	0	0	0
sonstige	6156	6016	5737	5153	4691	4585	4533	4422

26 Kriminalpolizei

1

a. $4 \cdot 6 \cdot 4 \cdot 3 = 288$ Möglichkeiten

b. $288 \cdot 15 = 4320$ Möglichkeiten

c. Es gibt für jede der 288 Möglichkeiten aus a. jetzt 20 statt 15 Möglichkeiten, also insgesamt 5760 Möglichkeiten.

d. Das Modell steht für sie fest (z.B. Cabrio). Sie wählt aus vier Farben aus (z.B. weil sie Schwarz und Blau nicht leiden kann). Für die Motorleistung kommen nur zwei Varianten in Frage (Sie fährt gern schnell und will deshalb mindestens 92 PS haben.). Bei den Sitzbezügen hat sie sich schon entschieden (z.B. Ledersitze). Für die technische Ausstattung kommen nur drei Kombinationen für sie in Frage (z.B. will sie in jedem Fall eine HiFi-Anlage haben, braucht aber keine Klimaanlage und keine elektrischen Fensterheber, muss sich also nur noch zwischen Navigationsgerät, beheizbaren Sitzen und Zentralverriegelung entscheiden.)

27 28 Bruchteile von Größen

1 Anna: $30\,\text{cm} = 0{,}3\,\text{m} = \frac{3}{10\cancel{0}}\,\text{m} = 3\,\text{dm}$

$0{,}5\,\text{km} = \frac{5}{10\cancel{0}}\,\text{km} = 500\,\text{m} = 5000\,\text{dm}$

Benedikt: $30\,\text{cm} = 3\cancel{00}\,\text{dm} = 0{,}3\,\text{m} = \frac{3}{10}\,\text{m}$

$\frac{2}{5}\,\text{km} = \cancel{250\,\text{m}} = 400\,\text{m}$

2 Das Seil hatte vorher eine Länge von 800 cm, da es nach dem Halbieren noch eine Länge von 400 cm hat. Wenn er es viertelt, ist es nur noch 200 m lang.

3 Der Faden war anfangs 60 cm lang, nach dem Halbieren somit 30 cm und nach dem Dritteln noch 10 cm.

4 Stellt man jeweils nur auf der Seite mit dem geringeren Gewicht Gewichtstücke nach, so ist dies eine Lösung.

links	ergänzt	rechts	ergänzt
250 g			$1 \cdot \frac{1}{4}$ kg
750 g			$1 \cdot \frac{1}{2}$ kg, $1 \cdot \frac{1}{4}$ kg
400 g		200 g	$2 \cdot \frac{1}{10}$ kg
1,5 kg		300 g	$1 \cdot \frac{1}{2}$ kg, $1 \cdot \frac{1}{4}$ kg, $1 \cdot \frac{1}{20}$ kg, $4 \cdot \frac{1}{100}$ kg
0,02 kg	$3 \cdot \frac{1}{100}$ kg	50 g	

5 $20\,\text{min} = \frac{1}{3}\,\text{h} = \frac{2}{6}\,\text{h}$

$15\,\text{min} = \frac{1}{4}\,\text{h} = \frac{3}{12}\,\text{h}$

$40\,\text{min} = \frac{4}{6}\,\text{h} = \frac{8}{12}\,\text{h} = \frac{2}{3}\,\text{h}$

$55\,\text{min} = \frac{11}{12}\,\text{h}$

$3\,\text{min} = \frac{3}{60}\,\text{min} = \frac{1}{20}\,\text{min}$

29 Bruchteile legen und zeichnen

1

a. $\frac{7}{12}$; $\frac{6}{6} = 1$

b. $\frac{4}{4} = 1$; $\frac{6}{10} = \frac{3}{5}$

c. $\frac{9}{6} = 1\frac{1}{2}$; $1\frac{1}{2}$

2

a. $\frac{1}{6}$; $\frac{1}{12}$

b. $\frac{3}{6} = \frac{1}{2}$; 0

c. $\frac{1}{6}$; $\frac{2}{12} = \frac{1}{6}$

3

a. $\frac{1}{4}$; $\frac{1}{4}$; $\frac{1}{16}$

b. $\frac{1}{6}$; $\frac{3}{12} = \frac{1}{4}$; $\frac{2}{9}$

c. $\frac{1}{4}$; $\frac{3}{8}$; $\frac{9}{12} = \frac{3}{4}$

4

a. $\frac{1}{2} + \frac{1}{4}$ $\qquad \frac{1}{2} + \frac{1}{4} + \frac{1}{8}$ $\qquad \frac{1}{2} + \frac{1}{4} + \frac{1}{8} + \frac{1}{16}$

b. Bei jedem Schritt wird jeweils die Hälfte der verbliebenen freien Fläche gefärbt. Diese Restfläche wird bei „unendlich langer“ Fortsetzung beliebig klein. Führt man den Konstruktionsprozess also unendlich lange fort, so wird irgendwann die gesamte Fläche gefärbt.

30 Zahlenrätsel

1

a. Man erhält immer 1.

b. c. Wenn man das Rätsel mithilfe von Säckchen darstellt, bleibt am Schluss genau eine Kugel übrig, egal, wie viele Kugeln man in ein Säckchen gesteckt hat.

Denk **dir** eine Zahl
Multipliziere **sie mit** 2.
Addiere (zum Ergebnis) 4.
Dividiere **das Ergebnis** durch 2.
Subtrahiere (davon) 1.
Subtrahiere deine gedachte Zahl.

2

a. Denke dir eine Zahl, multipliziere sie mit 4, addiere 6, halbiere dein Ergebnis und subtrahiere schließlich das Doppelte deiner gedachten Zahl.

b. Man erhält immer 3.

3

a. Denke dir eine Zahl, dividiere sie durch 2, addiere 3, verdoppele dein Ergebnis, subtrahiere 4 und subtrahiere schließlich deine gedachte Zahl.

b. Man kann nur gerade Zahlen einsetzen.

c. Egal, welche gerade Zahl man sich ausdenkt, das Ergebnis ist immer 2.

31 Versteckte Zahlen

1

a. A: x = 2000 B: x = 600 C: x = 1619100

b. A: Ich denke mir eine Zahl, dividiere sie durch 8, subtrahiere (davon) 125, addiere 125 und multipliziere das Ergebnis mit 8. Ich erhalte 2000. Welche Zahl habe ich mir gedacht?

B: Ich denke mir eine Zahl, subtrahiere (davon) 600, dividiere das Ergebnis durch 60, addiere 60, und multipliziere dieses Ergebnis schließlich mit 600. Ich erhalte 36000. Welche Zahl habe ich mir gedacht?

C: Ich denke mir eine Zahl, addiere mit 1800, subtrahiere davon 900, dividiere das Ergebnis durch 1800 und multipliziere anschließend mit 900. Ich erhalte 810000. Welche Zahl habe ich mir gedacht?

2

a.

wahre Värsli	falsche Värsli
2 · 6 > 3 · 3	9 + 26 < 19 + 16
800 · 40 = 80 · 400	64000 · 80 = 640000 : 800
4444 · 2222 = 8888 · 1111	6000 : 200 < 60000 : 2000
123 · 456 < 234 · 567	500 : 50 > 500 : 25
123456 + 12345 > 98765 + 9876	5 · 20 = 100 + 3

b. Hier gibt es sehr viele unterschiedlich Möglichkeiten. Beispiele, bei denen man wenig rechnen muss, findest du hier:
6000 · 2222 = 3000 · 4444
4000 : 20 > 400 : 20
888 · 1212 = 222 · 4848
1000000 − 1234 > 1000000 − 12345
87654 + 8765 < 98765 + 9876

3

c. In jedes Säckchen müssen 2 Kugeln. Also ist 2 die gedachte Zahl.

d.

x	· 2	+ 6	· 5	x
4	8	14	20	4
3	6	12	15	3
2	4	**10**	**10**	2

Beim Ausprobieren von verschiedenen Zahlen erhält man das gleiche Ergebnis, nämlich 10, wenn man die 2 einsetzt. Also ist 2 die gedachte Zahl.

32 Klammern und Rechenbäume

1

c.

A	B	C	D	E	F
100	90	1000	500	32	1

2

Zahl	48	125	53
einfach	(2 · 24)	(5 · 25)	(67 – 14)
doppelt	(2 · (2 · 12))	((5 · 1) · 25)	((99 – 32) – 14)
dreifach	((6 – 4) · (2 · 12))	((5 · 1) · (100 – 75))	(((9 · 11) – 32) – 14)
vierfach	((6 – 4) · (2 · (60 : 5)))	((5 · 1) · ((5 · 20) – 75))	(((9 · 11) – 32) – (2 · 7))

3

a. 315 b. 880 c. 1575 d. 2280

e. (((12 + 11) · ((10 + 9) + (12 : 2))) · 5) = 2875
(((14 + 13) · ((12 + 11) + (14 : 2))) · 4) = 3240

f. 315 + 880 + 1575 + 2280 + 2875 + 3240 = 11165

4 Beide Bäume haben das Ergebnis 100.

a.

10 ersetzt durch	Ergebnis
20	140
30	180
40	220
50	260
60	300
70	340

In beiden Bäumen wird das Ergebnis immer um $40 = 4 \cdot 10$ größer.

b.

15 ersetzt durch	Ergebnis
25	140
35	180
45	220
55	260
65	300
75	340

Hier passiert das gleiche wie in a.

c.

4 ersetzt durch	Ergebnis
5	125
6	150
7	175
8	200
9	225
10	250

Das Ergebnis wird immer um 25 größer.

d. Das Ergebnis der beiden Bäume ist immer dasselbe.

5

a. Die Kurzform $(10 \cdot 4) + (15 \cdot 4)$ gehört zum zweiten Baum, die Kurzform $(10 + 15) \cdot 4$ zum ersten Baum.

b. Folgende Kurzformen könntest du aufschreiben

$(10 \cdot 4) + (15 \cdot 4) = (10 + 15) \cdot 4$

$(20 \cdot 4) + (15 \cdot 4) = (20 + 15) \cdot 4$

$(30 \cdot 4) + (15 \cdot 4) = (30 + 15) \cdot 4$

...

$(10 \cdot 4) + (25 \cdot 4) = (10 + 25) \cdot 4$

$(10 \cdot 4) + (35 \cdot 4) = (10 + 35) \cdot 4$

...

$(10 \cdot 5) + (15 \cdot 5) = (10 + 15) \cdot 5$

$(10 \cdot 6) + (15 \cdot 6) = (10 + 15) \cdot 6$

...

$(8 \cdot 9) + (10 \cdot 9) = (8 + 10) \cdot 9$

6 Möglicherweise hast du mehr Klammern gesetzt als hier angegeben.

$4 \cdot (3 \cdot 2 + 1) = 28$	$(9 - 7) \cdot (8 + 6) = 28$
$4 \cdot (5 \cdot 2 - 3) = 28$	$(9 - 7) \cdot 10 + 8 = 28$
$4 \cdot (6 : 3 + 5) = 28$	$10 + 9 + 8 + 1 = 28$
$4 \cdot (7 \cdot (6 - 5)) = 28$	$2 \cdot 10 + 9 - 1 = 28$
$(7 - 5) \cdot (8 + 6) = 28$	$(3 \cdot 10) - (2 \cdot 1) = 28$

7

a. Kathrin und Semil haben richtig gerechnet.

b. Alena kann richtig gerechnet haben, z.B.

$((4 + 5) \cdot 6 - 2 : 1) = 52$

33 Dezimalbrüche und Zahlenstrahl

1

a.	b.	c.	d.
2 z	3 z	1 z 1 h	3 z 7 h
0 z 3 h	11 z	2 z 5 h	11 z 4 h
0 z 6 h	7 z	6 z 3 h	0 z 2 h
9 z	5 z	9 z 4 h	9 z 6 h

2

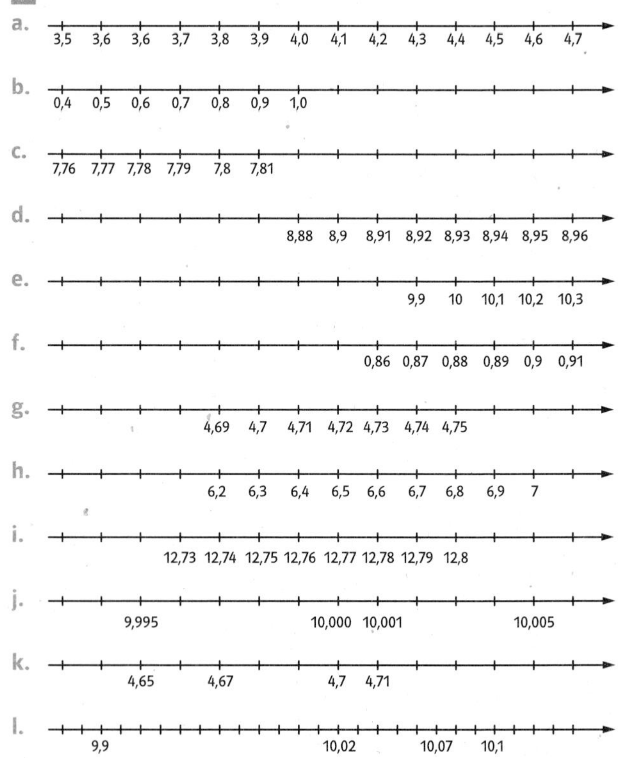

3

a. A = 18; B = 21; C = 22; D = 24; E = 27; F = 29; G = 30; H = 31

A = 19,8; B = 20,1; C = 20,2; D = 20,4; E = 20,7; F = 20,9; G = 21; H = 21,1

A = 19,98; B = 20,01; C = 20,02; D = 20,04; E = 20,07; F = 20,09; G = 20,1; H = 20,11

A = 19,998; B = 20,001; C = 20,002; D = 20,004; E = 20,007;
F = 20,009; G = 20,01; H = 20,011

b. A = 98; B = 101; C = 102; D = 104; E = 107; F = 109; G = 110; H = 111
A = 99,8; B = 100,1; C = 100,2; D = 100,4; E = 100,7;
F = 100,9; G = 101; H = 101,1
A = 99,98; B = 100,01; C = 100,02; D = 100,04; E = 100,07;
F = 100,09; G = 100,1; H = 100,11
A = 99,998; B = 100,001; C = 100,002; D = 100,004;
E = 100,007; F = 100,009; G = 100,01; H = 100,011

35 | 36 Körper aus Würfeln | Quaderansichten

1

a. Mögliche Baupläne.

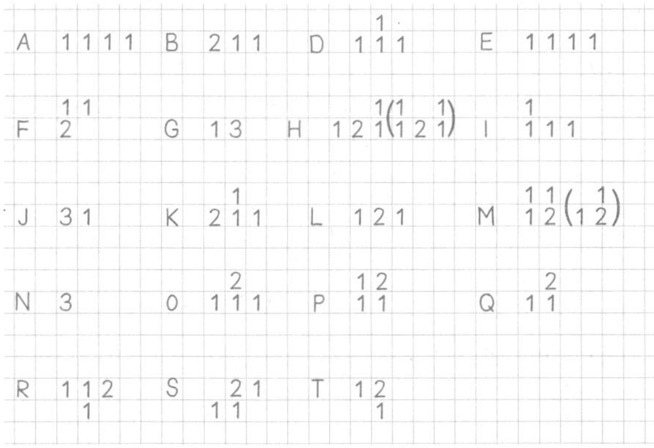

c. Die Baupläne unterscheiden sich oft deutlich voneinander. Aber die Baupläne von A und E sind gleich, Bauplan G ist seitenverkehrt zu Bauplan J, dasselbe gilt für Bauplan M und Bauplan P.

d. Sie sind nicht gleich sondern spiegelbildlich zueinander.

2 A in B, D, G, I, J, L
B in A, D, E, F, I, J, L, M, N, T
C in D, F, I, Q, T
D in A, B, C, E, F, I, L, M, Q ,T

3

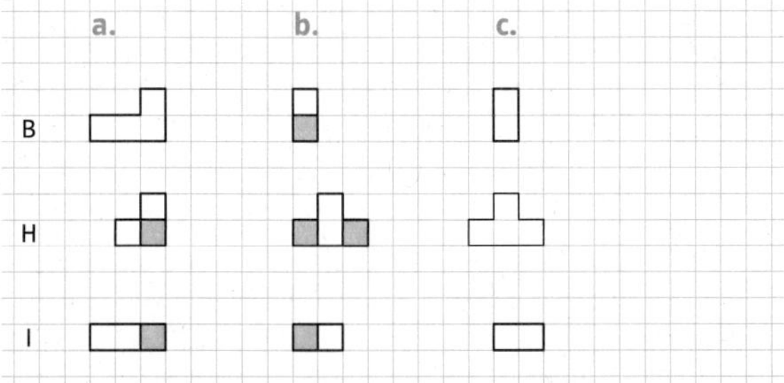

4 Bauplan

2	1	1	2
	1	1	

Er besteht aus 8 Würfeln.

5

		A	B
a.	zusätzliche Würfel	3	13
b.	Anteil	$\frac{3}{8}$	$\frac{13}{27}$

6

		A	B
a.	zusätzliche Würfel	$\frac{17}{27}$	$\frac{18}{27}$
b.	Anteil	18	36

7 Vier Ansichten

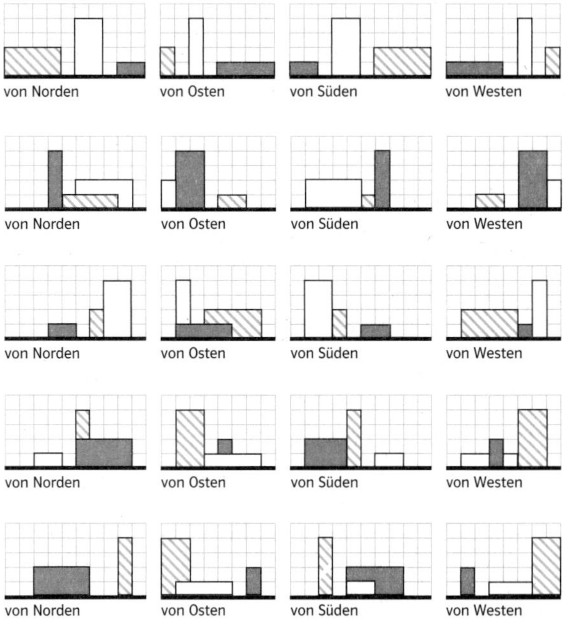

8 Grundriss

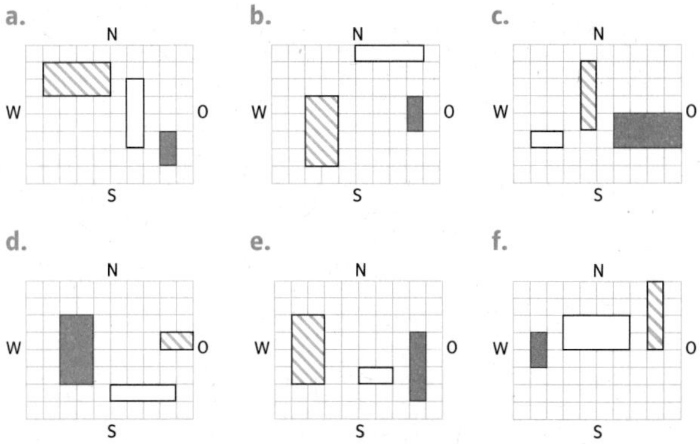

38 Spitze!

1

a. für 10 000 m, 60 min
für 100 m, 60 min : 100 = $\frac{6}{10}$ in = **36 s**

b. in 2 min, 3 km. In 10 min, 3 km · 5 = **15 km**

c. für 5 km, 3 min. Für 15 km, 3 min · 3 = **9 min**

d. Brillenpinguin: 1n 1 s, **10 m.** Delfin: in 2 s, 2300 : 180 ≈ **13 m**
Der Delfin ist schneller.

e. in 6 min, 5 km 500 m. In 60 min, 5 km 500 m · 10 = **55 km**

f. Rangliste

1. Thunfisch	100 km/h	5. Pinguin	36 km/h
2. Schwertfisch	90 km/h	6. Forelle	35 km/h
3. Wal	55 km/h	7. Eisbär	10 km/h
4. Delfin	46 km/h		

2

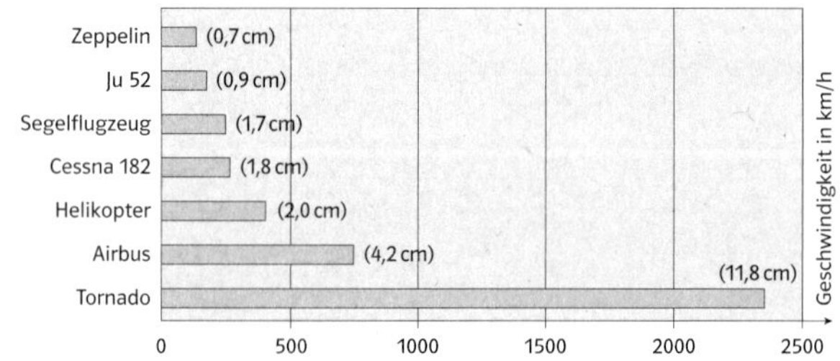

39 Wie alt werden Bäume?

1

Zahl bzw. Größe	Bedeutung
100 Jahre	Alter der Buche
20 m	Höhe der Buche
12 m	Durchmesser der Baumkrone
120 m²	Schattenfläche
600 000	Anzahl der Blätter
1200 m²	Blattfläche nebeneinander gelegt
15 000 m²	Zelloberfläche der Blätter
13 kg	Sauerstoffproduktion bei Sonne
10	Menschen
36 000 kg	Atlantikflug; Verbrauch Flugzeug
400 l	Wasserverbrauch
12 kg	Zuckerproduktion
40 – 70 cm	Wachstum im Jahr als junge Buche
2000	Jungbäume
1 m	Durchmesser der Krone
100 000 €	Kosten für die Jungbäume
300 Jahre	Höchstalter der Buche
45 m	maximale Höhe der Buche
2 m	maximaler Stammdurchmesser

2

a. Die Maße können sein 20 m und 60 m. Oder 10 m und 120 m.

b. Ein Fußballfeld mit den Maßen 60 m und 110 m hat eine Größe von 6600 m². Daher würde die Zelloberfläche der Blätter mehr als 2 Fußballfelder bedecken.

c. Beispielaufgabe:
Unsere Buche produziert 13 kg Sauerstoff an einem Sonnentag. Die Atlantiküberquerung eines Flugzeuges verbraucht 36 000 kg Sauerstoff. Wie viele Buchen dieser Größe werden benötigt, um diese Menge an Sauerstoff zu produzieren?
Lösung: 36 00 kg : 13 kg = 2769
Es werden 2769 dieser Buchen benötigt.
Überflüssige Angaben ergänzen:
Unsere Buche produziert 13 kg Sauerstoff an einem Sonnentag mithilfe ihrer 600 000 Blätter, das entspricht dem Tagesbedarf von 10 Menschen. Die Atlantiküberquerung eines Flugzeuges verbraucht 36 000 kg Sauerstoff. Wie viele Buchen dieser Größe werden benötigt, um diese Menge an Sauerstoff zu produzieren?

3

a. Die Blattfläche hat ungefähr 12,5 cm².

b. Es werden 33 Blätter nebeneinander und 20 Blätter untereinander, also 660 Blätter benötigt.

c. 660 g : 11 g = 60
Die Buche muss eine Blattfläche von 60 Quadratmetern haben. Das entspricht etwa 39 600 (40 000) Blättern. Dies kann im Vergleich mit den obigen Angaben für eine jüngere Buche durchaus stimmen.

40 Päckchen schnüren

1

a. A: 4 l + 4 b + 4 h
B: 2 l + 6 b + 4 h

b. A: 196 cm
B: 186 cm

2

a. 264 cm b. 12 a c. 180 cm, bei allen gleiche Länge

3

a. 2 l + 10 b + 12 h — Paket G
4 l + 6 b + 6 h — Paket H
4 l + 4 b + 4 h — Paket F

b.

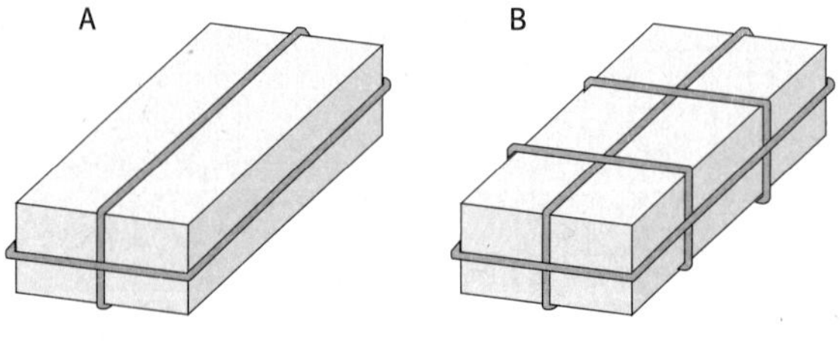

4 I $2l + 2b + 2 \cdot 4h = 2l + 2b + 8h$
J $2l + 4b + 12h$
K $4l + 8h$
L $2l + 2b + 12h$
M $2l + 4b + 18h$
N $4l + 4b + 24h$

41 Internet

1 13 312; 407 021; 6 770 985; 384 000 643; 8 900 208 087

2 fünftausendeinhundertdreiundzwanzig
zwei Millionen fünfzigtausendsechzig
elf Millionen einhundertelftausendzweihundertzweiundzwanzig
neun Milliarden acht Millionen achthunderttausendeins
elf Milliarden dreihunderteinundzwanzigtausendneun

3

Nr.	Übertragung	Bits pro Sekunde
1	Modem 1. Generation	14 000
2	Modem	56 000
3	ISDN	64 000
4	ISDN Kanalbündelung	128 000
5	DSL 1000	1 024 000
6	DSL 2000	2 048 000
7	DSL 3000	3 072 000
8	DSL 6000	6 144 000

4

a. Das Gewicht wäre etwa 2,5 t.
b. 16 Platinen bedecken einen Quadratmeter. Hintereinander gestellt benötigen die 500 000 Platinen etwas mehr als 30 m. Das passt nebeneinander gestellt und gestapelt in jeden Klassenraum.

42 Schätzen und runden

1

a.

Zahl	... Zehner	... Hunderter	... Tausender
765 432	765 430	765 400	765 000
76 543	76 540	76 500	77 000
7654	7650	7700	8000
765	770	800	1000
76	80	100	0
7	10	0	0

b.

Zahl	... Zehner	... Hunderter	... Tausender
234 567	234 570	234 600	235 000
23 456	23 460	23 500	23 000
2345	2350	2300	2000
234	230	200	0
23	20	0	0
2	0	0	0

c.

Zahl	Einer	Zehntel	Hundertstel
3,210 987	3	3,2	3,21
3,210 98	3	3,2	3,21
3,210 9	3	3,2	3,21
3,210	3	3,2	3,21
3,21	3	3,2	3,21
3,2	3	3,2	3,2

d.

6	5,7	5,68
6	5,7	5,68
6	5,7	5,68
6	5,7	5,68
6	5,7	5,67
6	5,6	5,6

e. Hier sind verschiedene Lösungen möglich.

Zahl	ursprüngliche Zahl
1,5	eine Zahl zwischen 1,45 und 1,54
0	kleiner als 0,04
9,9	zwischen 9,85 und 9,94
90	zwischen 89,95 und 90,04
7,4	zwischen 7,35 und 7,44

2

Fluss	auf 1 km	auf 5 km	auf 10 km	auf 50 km
Rhein	865	865	870	850
Elbe	727	725	730	750
Donau	647	645	650	650
Main	524	525	520	500
Weser	452	450	450	450
Saale	413	415	410	400
Spree	382	380	380	400
Ems	371	370	370	350
Neckar	367	365	370	350
Havel	325	325	330	350

3 Am 29. Juni 1962 wurde Knies Kinderzoo in Rapperswil in der Schweiz eröffnet. Ab dem 15. März bis und mit dem 31. Oktober ist das kleine Paradies für Kinder täglich von 9 bis 18 Uhr geöffnet. Auf **20 000** Quadratmeter leben **400** Tiere, vom Elefanten bis zum kleinen Wellensittich. Insgesamt sind über **80** Tierarten vertreten. 7 Fisch-, 2 Reptilien-, 43 Vogel- sowie 32 Säugetierarten. Alle Tiere verbrauchen täglich **50 kg** Früchte und Gemüse,

80 kg Getreide und Nüsse, **200 kg** Kraftfutter, **55 kg** Fisch sowie **400 kg** Heu. Insgesamt arbeiten 41 Angestellte im Kinderzoo.

43 Rauminhalt und Volumen

1 Die Zahl kann anders dargestellt werden und die Einheit kann verändert werden.
Beispiel: $\frac{1}{2}\,dm^3 = 0{,}5\,dm^3 = 0{,}5\,l = 500\,cm^3$
$0{,}2\,m^3 = 200\,l = 200\,dm^3$
$5000\,mm^3 = 5\,cm^3 = 0{,}005\,dm^3$
$10\,hl = 10\,000\,l = 10\,000\,dm^3 = 10\,m^3$

2 A: $V = 12\,dm^3$ B: $V = 300\,mm^3$

3 A: $O = 40\,dm^2$ B: $O = 400\,mm^2 = 4\,cm^2$

4 A: $V = 40\,cm^3$ B: $V = 232\,mm^3$

5 A: $O = 88\,cm^2$ B: $O = 236\,mm^2 = 2{,}36\,cm^2$

44 Besondere natürliche Zahlen

1

101	102	103	104	105	106	107	108	109	110
111	112	113	114	115	116	117	118	119	120
121	122	123	124	125	126	127	128	129	130
131	132	133	134	135	136	137	138	139	140
141	142	143	144	145	146	147	148	149	150
151	152	153	154	155	156	157	158	159	160
161	162	163	164	165	166	167	168	169	170
171	172	173	174	175	176	177	178	179	180
181	182	183	184	185	186	187	188	189	190
191	192	193	194	195	196	197	198	199	200

2
a. $120 = 2 \cdot 2 \cdot 2 \cdot 3 \cdot 5$
b. $148 = 2 \cdot 2 \cdot 37$
c. $169 = 13 \cdot 13$
d. 181 (Primzahl)
e. $250 = 2 \cdot 5 \cdot 5 \cdot 5$
f $4000 = 2 \cdot 2 \cdot 2 \cdot 2 \cdot 2 \cdot 5 \cdot 5 \cdot 5$
g. $40\,000 = 2 \cdot 2 \cdot 2 \cdot 2 \cdot 2 \cdot 2 \cdot 5 \cdot 5 \cdot 5 \cdot 5$
h. $1024 = 2 \cdot 2 \cdot 2 \cdot 2 \cdot 2 \cdot 2 \cdot 2 \cdot 2 \cdot 2 \cdot 2$

3

50	100	150	200	250	300	350	400
49	100	144	196	256	289	361	400

4
a. $3 \cdot 3 - 2 \cdot 2 = 5$ $3 + 2 = 5$
$4 \cdot 4 - 3 \cdot 3 = 7$ $4 + 3 = 7$
$5 \cdot 5 - 4 \cdot 4 = 9$ $5 + 4 = 9$
$6 \cdot 6 - 5 \cdot 5 = 11$ $6 + 5 = 11$
$7 \cdot 7 - 6 \cdot 6 = 13$ $7 + 6 = 13$
$8 \cdot 8 - 7 \cdot 7 = 15$ $8 + 7 = 15$

b. $3 \cdot 3 = 9$ $2 \cdot 4 = 8$
$4 \cdot 4 = 16$ $3 \cdot 5 = 15$
$5 \cdot 5 = 25$ $4 \cdot 6 = 24$
$6 \cdot 6 = 36$ $5 \cdot 7 = 35$
$7 \cdot 7 = 49$ $6 \cdot 8 = 48$
$8 \cdot 8 = 64$ $7 \cdot 9 = 63$

5
a. Beispiele:
$1 + 4 = 5$ $4 + 9 = 13$ $9 + 16 = 25$
$5 : 2 = 2{,}5$ $13 : 2 = 6{,}5$ $25 : 2 = 12{,}5$
$2{,}5 - 1 = 1{,}5$ $6{,}5 - 4 = 2{,}5$ $12{,}5 - 9 = 3{,}5$

Untersucht man die Quadratzahlen in aufsteigender Reihenfolge, so stellt man fest, dass sich die Differenz jeweils um 1 erhöht.

45 Jakob Steiner

1

Anzahl Reihen	1	2	3	4	5	6	7
Anzahl Kästchen	1	3	6	10	15	21	28

Die Zahl in einer Zelle ergibt als Summe des Inhalts der Vorgängerzelle und der Anzahl der Reihen.

2 Es werden 15-mal die Hände geschüttelt.

3

	A	B	C	D	E	F	G
1	Anzahl Geraden	1	=B1+1	=C1+1	=D1+1	=E1+1	=F1+1
2	Max. Anz. Schnittpunkte	0	=B2+B1	=C2+C1	=D2+D1	=E2+E1	=F2+F1
3	Max. Anzahl Gebiete	2	=B3+C1	=C3+D1	=D3+E1	=E3+F1	=F3+G1

T5 – Lösungen

1

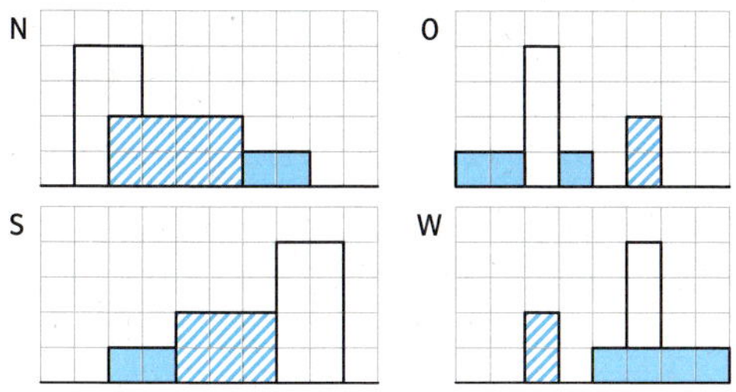

2

a. $\frac{9}{60}$

b. 36 Würfel

3

Bauplan

2	1
1	1

5 Würfel

4

A $4b + 4h$

B $4l + 4h$

C $4l + 4b + 8h$

5 656 565 746 < 3 224 547 575 < 4 646 465 465 < 49 864 834 554 < 64 564 564 564 < 465 465 465 465

6

a. 7

b. 6

c. 11

7 Sie gibt 1570 Scheine heraus.

8 Verschiedene Lösungen möglich. Beispiele

a. 69,3

b. 1011

c. 95,1

d. beispielsweise 69,9; 1010,001; 100,01

9 Alle Rundungen ergeben 100, weil die Stellen, auf die gerundet wird, alle mit 9 besetzt sind.

10 $A = 352\,cm^2$; $V = 384\,cm^3$

11 $V = 125\,cm^3$

Geld							1000 €	: 10 → / · 10 ←	100 €	: 10 → / · 10 ←	10 €	: 10 → / · 10 ←	**1 €**	: 10 → / · 10 ←	10 ct	: 10 → / · 10 ←	**1 ct**		
Gewichte (Massen)	**1 t**	: 10 → / · 10 ←	100 kg	: 10 → / · 10 ←	10 kg	: 10 → / · 10 ←	**1 kg**	: 10 → / · 10 ←	100 g	: 10 → / · 10 ←	10 g	: 10 → / · 10 ←	**1 g**	: 10 → / · 10 ←	100 mg	: 10 → / · 10 ←	10 mg	: 10 → / · 10 ←	**1 mg**
Längen							**1 km**	: 10 → / · 10 ←	100 m	: 10 → / · 10 ←	10 m	: 10 → / · 10 ←	**1 m**	: 10 → / · 10 ←	**1 dm**	: 10 → / · 10 ←	**1 cm**	: 10 → / · 10 ←	**1 mm**
Flächenmaße							**1 km^2**	: 100 → / · 100 ←	1 ha	: 100 → / · 100 ←	1 a	: 100 → / · 100 ←	**1 m^2**	: 100 → / · 100 ←	**1 dm^2**	: 100 → / · 100 ←	**1 cm^2**	: 100 → / · 100 ←	**1 mm^2**
Raummaße							**1 km^3**						**1 m^3**	: 1000 → / · 1000 ←	**1 dm^3** = 1 l	: 1000 → / · 1000 ←	**1 cm^3** = 1 ml	: 1000 → / · 1000 ←	**1 mm^3**
Hohlmaße							10 hl	: 10 → / · 10 ←	**1 hl**	: 10 → / · 10 ←	10 l	: 10 → / · 10 ←	**1 l** = 1 dm^3	: 10 → / · 10 ←	**1 dl**	: 10 → / · 10 ←	**1 cl**	: 10 → / · 10 ←	**1 ml** = 1 cm^3
Zeit							**1 Tag**	: 24 → / · 24 ←	**1 h**	: 60 → / · 60 ←	**1 min**	: 60 → / · 60 ←	**1 s**	: 10 → / · 10 ←	$\frac{1}{10}$ s	: 10 → / · 10 ←	$\frac{1}{100}$ s	: 10 → / · 10 ←	$\frac{1}{1000}$ s